高みからのぞく
大学入試数学 上巻

現代数学の序開

石谷 茂 著

現代数学社

本書は 1990 年 11 月に小社から出版した
『大学入試数学の五面相　上』
を書名変更・リメイクし、再出版するものです。

序　文

　われわれ日本人は，三千万メガポリスで日夜もまれているせいもあって，万事がせちがらく，悲壮感に酔うのが好きなようにみえる．楽しむべきスポーツで，勝っても，負けても泣く．ストと陳情といえばハチマキをする．入試のために，先生は学生にハッパをかける．もっと，おうように生きる道がありそうなものだ．

　数学はあせるほど頭に入らない．悲壮感と数学とは無縁である．数学は静かに楽しめば，おのずから身につくものである．大学入試の勉強も例外ではない．くふう次第では，楽しみながら勉強できよう．

　入試の数学にも，よい問題がある．これを楽しみながら学ぶ最善の道は，少し高い立場から眺めることである．数学5,000題などと，問題の数で勝負するのは，時代錯誤の学び方である．問題をかき集めても数学にはならない．問題の底に流れている地下水が数学なのである．

　現代数学は，この地下水をも，論理のフラスコに入れて分析し，何が本質で，何が末梢的かを明らかにしようとする．まあ，そこまではゆかないまでも，チョッピリ高いところから，入試問題を眺めようではないか．ぐっと見通しがよくなる．それに，現代数学の屋敷内を，門前からのぞく楽しさも加わろう．ちょっと大風呂敷を拡げた感じではあるが，書名を「現代数学と大学入試」とした理由が，そこにあった．

　本書の内容は，著者が雑誌「現代数学」に連載したものに筆を加え，さらに多くの問題を追加したものである．

　実際に書いてみて痛感したことは，読者の予備知識のラインの引き

方であった．テーマごとに独立して読めるのが望ましいが，それを固守すると，いつも振り出しに戻り，レベルアップが困難になる．この壁は，本書に限らず，数学の大衆化にあたって，常に直面するものであろう．

　はじめての試みのためもあって，解説のまずさが気になるが，類書が少ないおりから，公刊に踏み切った．次回に期待をよせて頂くに足る努力をするのが，著者に課せられたつとめであると自覚して，筆をおく．

著　者

目　次

序　文

1. 同値関係を中心にして ══ *1*

2. ユークリッドの互除法を中心として ══ *29*

3. オイラーの関数 ══ *47*

1. 同値関係を中心にして

▨ "等しい" の抽象化 ▨

関係というのは，一般には，2つ以上のものの関係になるが，その基本になるのは2つのものの場合である．

ここで「もの」というのは，文字通り「もの」であって，なんらの制限もない．どのような「もの」でも研究の対象としてとり上げるところに現代数学の特徴があり，このことが現代化の指標の1つにもなっている．カントル (Cantor) の**数学の自由性**とも深いかかわり合いがあるとみるべきだろう．

関係はいくつのものの関係かによって，**2項関係，3項関係** などと分類することがある．

等しいという関係は，2項関係の1つである．

「等しいってどういうことか」

「等しいは等しいことさ」

「それじゃ，説明にならないよ」

こんな問答のくり返えしになることからみて，等しいは極めて，基本的概念であることがわかる．概念は基本的であればあるほど説明がむずかしい．関係，対応なども，そういった概念であろう．

"等しい"に似たコトバに"同じ"がある．実用上は，この2つに多少ニュアンスの違いがあるが，学問的にはっきりと区別することは極めてむずかしい．

「等しいと同じは異なる」

「じゃ，異なるとはなにか」

「同じでないことだ」

「等しいと同じは同じじゃないか．クソたれ」「云ったわネ」

「同じとはなんだ」

「等しいことだ」

「等しいと同じは同じか？」

　なんとも妙な表現になった．こういう表現をとらざるをえないところに，等しいや同じという概念の説明の困難さがあるのだとわかっていただきたい．また，われわれが日常試みる説明のあいまいさを端的に示しているともみられよう．

　世の中には，なにもかも全く等しい2つのものは存在しない．

「瓜二つ」というが，２つの瓜と区別できるからには，どこかが違うはずである．なにもかにも等しいものは，あるものとそれ自身に限られるだろう．つまり，

　　　　ＡはＡ自身に等しい

以外に考えられない．

「女性は女性自身に等しく，男性は男性自身に等しい」というわけだ．

古典論理の本を開いてみると，はじめの方に，いくつか思考の原理が述べられてる．その１つは，

同一律 (The law of Identity)

「甲は甲である」

「すべてのものはそれ自身と同一である」

といったもっともらしい解説がつく．これは哲学者ライプニッツ (Leibniz) がはじめて論理学上の公理にしたものらしい．

　その次に出てくるのは，

矛盾律 (The law of Contradiction) で，

「甲は非甲にあらず」

「甲は甲たるとともに，非甲たることはできぬ」

と続く．

　これもわかったようでわからない説明である．

　ここで，古典論理における思考の原理を検討する気はない．要するに，同一律も，矛盾律も，つきつめていくと，「等しい」という概念に，なんらかの意味でかかわり合いをもつことをみたかったまでである．

　ところで，数学では，「等しい」をどのように分析し，定義し，とり扱っているだろうか．

ハハア，こりゃ無定義用語らしい．

　「等しい」は，これ以上は説明のできそうのない概念である．数学者はそう知ったとき，**無定義用語**のレッテルをはりつける．

　無定義用語は読んで字のごとく，定義をしない用語である．しかし，そう単純に考えたのでは，数学の真の意図，公理主義の本質は失われるだろう．

　西田哲学は「否定的表現」を好んで用いたが，数学の無定義用語も，それに似てはいないだろうか．「定義をしないことによって，実は定義している」のが，無定義用語の本当の意味なのである．

　どんな２つのものでも，完全に等しいことはなく，一部分は等しいが，

他の部分は異なる．その一部分は等しいの「等しい」を分析した結果，数学では，次の3条件をみたすものだとハッキリきめてしまった．

2つのもの a, b に関係Rがあることを

$$aRb$$

と書く．そのとき，関係Rが次の3条件をみたすとき，**同値関係**という．

---

(1)　反射律　　aRa

(2)　対称律　　aRb ならば bRa

(3)　推移律　　aRb, bRc ならば aRc

この3つの条件をまとめて，**同値律**という．

同値関係というのは，「等しい」という2項関係を抽象化して，数学的に定義づけたものである．しかし，この定義のしかたは，直接の説明ではなく，極めて間接的な説明のしかたである．いわば無定義に等しい定義とみられよう．

反射律は古典論理でみると，思考の原理の同一律に近いもので，a は a 自身に対して関係Rをみたすことを示す．たとえば

「ボクはボク自身にあいそが尽きた」

というように．

対称律は，

「aとbの間に関係Rがあれば，bとaの間にも関係Rがある」

ことを示している．

「ボクは君が好きだ，だから君はボクを好きなはずだ」

これは押しの一手か．

また，推移律は，

ボクはボク自身にあいそが尽きた.

「aとbの間, bとcの間に関係Rがあれば, aとcの間にも関係R
がある」
ことを示している.
　「ボクは君が好きだ. 君は音楽が好きだ. だからボクは音楽が好き

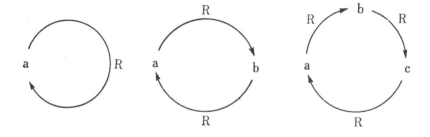

なのサ」

　何万年前から若者がくり返してきたコトバ.

　われわれが普通「等しい」とみているものは,たいてい以上の3条件
をみたしているので,同値関係は「等しい」をハッキリ定めたもの,つ
まり**定式化**を試みたものである.

▨ 同値関係の実例 ▨

　相似は中学校流の定義によると, 2つの図形の形が等しいことで,
大きさは違ってもよい.

　図形 a と b が相似であることを,

$$a \backsim b$$

と書いてみると,

　　　反射律　　$a \backsim a$

　　　対称律　　$a \backsim b$ ならば $b \backsim a$

　　　推移律　　$a \backsim b, b \backsim c$ ならば $a \backsim c$

となって同値律をみたすから, 同値関係であることがわかる.

　合同は,ぴったり重ね合わせることのできる2つの図形の関係で,
相似と同様に同値律をみたす.合同な図形では重なり合う線分の長さ,
角の大きさは等しいから,「等しい」とは縁がある.

　直線の平行はどうか.

　　　反射律　　$a \parallel a$

　　　対称律　　$a \parallel b$ ならば $b \parallel a$

　　　推移律　　$a \parallel b, b \parallel c$ ならば $a \parallel c$

　反射律 $a \parallel a$ には不自然さが多少あるが, 平行な2直線を近づけた

場合から考えて，1直線はそれ自身に平行とみることにすれば成り立つ．

　平行は同値関係であることがわかった．さて,それでは「等しい」とどんな関係があるだろうか.

　平行とは方向が等̇し̇い̇こととみよ．等しいとまんざら縁がないわけではない．また，平面上のときは,.1つの直線と交わったときにできる同位角に目をつければ，

　　　　同位角が等̇し̇い̇

となって，等しいと密接な関係のあることがはっきりするであろう．

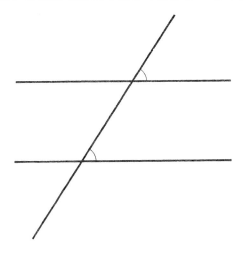

　次に数に関する例を挙げてみよう．

　2つの分数は分子どうし，分母どうしが等しいとき，等しいわけで,これが同値関係であることは明らかである．

　分数にはもう1つの同値関係がある．「値が等しい」がそれで，1つの分数 $\frac{y}{x}$ $(x \neq 0)$ に約分または倍分を行なうと,他の分数 $\frac{v}{u}$ $(u \neq 0)$ に等しいときである．これを,

お互いに似てますな. 先祖が同じらしい.

$$\frac{y}{x} \sim \frac{v}{u} \tag{1}$$

と書いてみると，関係〜が同値律をみたすことは容易にわかる．

　整数をもとにして，分数を導くときは，(1) を

$$yu = xv$$

によって定義するのがふつうであるが，このときも関係〜は同値律を
みたす．

　反射律　$\dfrac{y}{x} \sim \dfrac{y}{x}$

　対称律　$\dfrac{y}{x} \sim \dfrac{v}{u}$ ならば $\dfrac{v}{u} \sim \dfrac{y}{x}$

　推移律　$\dfrac{y}{x} \sim \dfrac{v}{u},\ \dfrac{v}{u} \sim \dfrac{q}{p}$ ならば $\dfrac{y}{x} \sim \dfrac{q}{p}$

はじめの2つは明らかだから，最後の推移律だけを証明してみよう．

$$\frac{y}{x} \sim \frac{v}{u}, \quad \frac{v}{u} \sim \frac{q}{p} \text{ ならば}$$

$$yu = xv, \qquad vp = uq$$

したがって，第1式の両辺に p，第2式の両辺に x をかけると

$$pyu = xvp, \quad xvp = xuq$$

そこで　　　　　$pyu = xuq$

u は0でないから両辺を u でわって，

$$yp = xq$$

そこで，　　$\frac{y}{x} \sim \frac{q}{p}$

それでは，「比が等しい」はどうだろう．3数 a, b, c の比

$$a : b : c$$

は，一般には，a, b, c がすべて0の場合を除けば考えられるものである．つまり，a, b, c のうち少なくとも，1つは0でないと定めておく．

そして，2つの比

$$a : b : c \text{ と } a' : b' : c' \text{ が等しい}$$

ことは，

$$a' = ak, \quad b' = bk, \quad c' = ck \qquad (k \neq 0)$$

をみたす k が存在することと定める．そして，2つの比が等しいことを

$$a : b : c \sim a' : b' : c'$$

と表わすことにする．

これは，同値律をみたすだろうか．

少なくとも1つは0点をとりたくない.

反射律　　$a:b:c \sim a:b:c$

これは $k=1$ としてみれば明らか. すなわち,

$$a=a\cdot1,\quad b=b\cdot1,\quad c=c\cdot1$$

から, 上の式が出る.

対称律　　$a:b:c \sim a':b':c'$ ならば

$$a':b':c' \sim a:b:c$$

これは仮定から,

$$a'=ak,\quad b'=bk,\quad c'=ck \qquad (k\neq0)$$

それぞれの両辺を k でわり，左辺と右辺をいれかえると，

$$a=a'\frac{1}{k}, \quad b=b'\frac{1}{k}, \quad c=c'\frac{1}{k}$$

ここで $\frac{1}{k}=k'$ とおくと，

$$a=a'k', \quad b=b'k', \quad c=c'k' \qquad (k'\neq0)$$

これから定義によって結論が出る．

　推移律　　$a:b:c \sim a':b':c'$, $a':b':c' \sim a'':b'':c''$ ならば

$$a:b:c \sim a'':b'':c''$$

仮定から，

$$a'=ak, \quad b'=bk, \quad c'=ck \qquad (k\neq0)$$
$$a''=a'k', \quad b''=b'k', \quad c''=c'k' \qquad (k'\neq0)$$

これらの2組の等式から，a', b', c' を消去すると，

$$a''=akk', \quad b''=bkk', \quad c''=ckk' \qquad (kk'\neq0)$$

そこで，$kk'=h$ とおけば，

$$a''=ah, \quad b''=bh, \quad c''=ch \qquad (h\neq0)$$

これから定義によって結論が出る．

以上によって，比の相等～は同値関係であることがハッキリした．

▨ 同値関係とクラス分け ▨

　ある集合Sの要素の間に，同値関係RがあるとするとSの要素をいくつかのクラスに完全に分けることができる．それは簡単だ．同値なものどうしを集めて，1つの部分集合をつくればよいからである．

　たとえば，集合

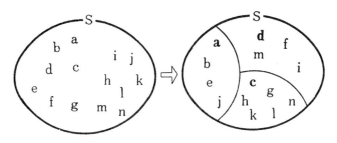

$$S = \{a, b, c, \cdots, m, n\}$$

から，1つの要素 a をとり出し，a と同値なすべての要素 a, b, e, j を
集めて，部分集合

$$S_1 = \{a, b, e, j\}$$

をつくると，この集合はどの2つの要素も同値である.

S から S_1 を除き，残りの要素から任意の1つ，たとえば c をとり，
c と同値なすべての要素 c, g, h, k, l, n を集めて，部分集合

$$S_2 = \{c, g, h, k, l, n\}$$

をつくる.

S から S_1, S_2 を除き，残りの要素から任意の1つ，たとえば d をと
り，d と同値なすべての要素 d, f, i, m を集めて，部分集合

$$S_3 = \{d, f, i, m\}$$

をつくる.

　そうすると同じ集合の中の2つの要素は同値で，異なる2つの集合
から選んだ2つの要素は同値でない. たとえば，b と h は同値でない.
なぜかというに，もし b と h が同値だとすると，a と b, c と h が同値
であることを考慮すれば，推移律によって a と c も同値になり，矛盾
が起きるからである.

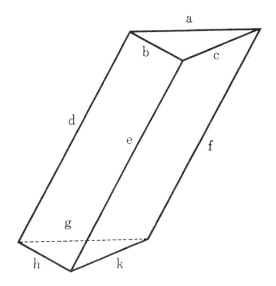

このクラス分けは，実例でみればいっそうはっきりするだろう．

上の図のように，三角柱の6つの辺を a, b, … で表わしてみる．辺の集合をSとしよう．辺については同値関係として，平行をとると，Sは次の4つの部分集合に分けられる．

$S_1 = \{a, g\}$

$S_2 = \{b, h\}$

$S_3 = \{c, k\}$

$S_4 = \{d, e, f\}$

S_1, S_2, S_3, S_4 を合併するとSになり，どの2つの集合にも共通な要素がない．このような集合の分け方を**クラス分け**，**類別**，**細胞分割** などというのである．

台形 ABCD で，底辺 BC の中点をEとして，次の図のように結ぶと，A, B, C, D, Eのどれか3点を頂点とする三角形の集合Sが考えられる．これらの三角形において，「面積が等しい」という関係を考えてみよう．

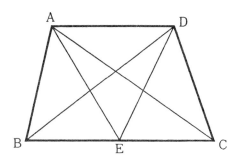

この関係はあきらかに同値関係であるから，これによってクラス分けが可能である．

$$S_1 = \{\triangle ADB,\ \triangle ADE,\ \triangle ADC\}$$
$$S_2 = \{\triangle BEA,\ \triangle BED,\ \triangle ECA,\ \triangle ECD\}$$
$$S_3 = \{\triangle ABC,\ \triangle DBC\}$$

次の図で

「2つの線分は交わる」

という関係を取り挙げてみよう．ただし，1つの線分は自分自身と交わるとみることにする．

この関係によってクラス分けを行なうと，

$$\{a, b, c, d\},\ \{e\},\ \{f, g, h, i\}$$

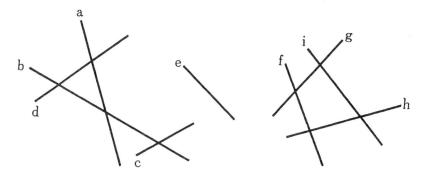

となりそうだが,「見てわかる」は危険のサンプル. 第1の集合で, c はaとも, dとも交わらない. だからといって, cをこの集合から除くことは, cがbと交わることから見て無理である. このような矛盾は第3の集合でも起きる.

なぜこうなったか. 関係「交わる」は推移律

　　aはbに交わり, bはcに交わるならば, aはcに交わる

をみたさず, したがって, 同値関係でないからである.

　一般にある集合で, その要素の間に同値関係があるならば, クラス分けが必ずできる. 逆に, ある集合がいくつかのクラスに分けられていたとすれば, 2つの要素について,

　　　　「同じクラスに属する」

という関係を選ぶと, これは同値関係になる.

　したがって, 集合をクラス分けするための関係は, 同値関係に限ることがわかる.

▨ 整数についての合同 ▨

　数に関する同値関係として, 整数に関する合同をとりあげてみる.

　kを定まった整数とし, a, bを任意の整数とするとき,

　　　　$a - b$ が k の倍数

すなわち,

　　　　$a - b = mk$　　　（m は整数）

のとき, **a と b とは k を法として合同である**といい, このことを,

　　　　$a \equiv b$　　　$(\mathrm{mod}\, k)$

と書く.

この関係が同値律をみたすことは，簡単に確かめられる．

反射律 $a-a=0=0k$ から

$$a \equiv a \quad (\mathrm{mod}\, k)$$

対称律 $a-b=mk$ ならば $b-a=(-m)k$

となるから，

$$a \equiv b \ (\mathrm{mod}\, k) \ \text{ならば} \ b \equiv a \ (\mathrm{mod}\, k)$$

推移律 $a-b=mk,\ b-c=nk$ ならば，

$$a-c=(a-b)+(b-c)=(m+n)k$$

となるから，

$$a \equiv b,\ b \equiv c \ (\mathrm{mod}\, k) \ \text{ならば，}$$

$$a \equiv c \ (\mathrm{mod}\, k)$$

これで合同は同値関係であることがわかった．

$k=3$ とすると，

$$7 \equiv 16 \ (\mathrm{mod}\, 3),\quad 8 \equiv -4 \ (\mathrm{mod}\, 3)$$

a と b が k を法として合同であることは，a と b は k の倍数を無視すれば，等しくなることである．見方をかえれば，

    a, b を k でわったときの余りが等しい

こと．

たとえば，14, 17を3でわった余りはともに2に等しい．すなわち，

$$14=4\cdot3+2,\qquad 17=5\cdot3+2$$

そこで，$14-17=(4-5)\cdot3=(-1)3$ となるから，

$$14 \equiv 17 \ (\mathrm{mod}\, 3)$$

3を法とする合同で，すべての整数Sを分けると，3つの集合

    $S_0 = 3$ でわりきれる数の集合

こりゃ　イカス数学だ.

$S_1 = 3$ でわって1余る数の集合

$S_2 = 3$ でわって2余る数の集合

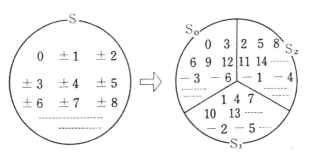

が得られる.

合同と加法, 減法, 乗法との関係はどうなるだろう.

〔**定理**〕 $a \equiv b \pmod{k}$, $a' \equiv b' \pmod{k}$ のとき,

(1) $a+a' \equiv b+b'$ $\pmod{k}$

(2) $a-a' \equiv b-b'$ $\pmod{k}$

(3) $aa' \equiv bb'$ $\pmod{k}$

(証明) $a-b=nk$, $a'-b'=n'k$ から,

$$(a+a')-(b+b')=(a-b)+(a'-b')=(n+n')k$$

$$(a-a')-(b-b')=(a-b)-(a'-b')=(n-n')k$$

$$aa'-bb'=(a-b)a'+(a'-b')b=(na'+n'b)k$$

いずれも, k の倍数になることから, 上の (1), (2), (3) の式が導かれる.

また, (1), (2), (3) の特殊な場合として,

〔**系1**〕 $a \equiv b \pmod{k}$ のとき,

(1) $a+c \equiv b+c \pmod{k}$

(2) $a-c \equiv b-c \pmod{k}$

(3) $ac \equiv bc$ $\pmod{k}$

また, 定理の (3) をくり返し用いることによって,

〔**系2**〕 $a \equiv b \pmod{k}$ のとき,

$$a^n \equiv b^n \pmod{k}$$

また, 系1の (1), (2) から, 等式の場合と同様に移項の可能なことも知られよう.

これも 9 の倍数だ. わからんか!

━━━━ 例1 ━━━━

正の整数 N の各位の数字の和が 9 の倍数ならば, その整数は 9 の倍数であることを示せ.

いくけたであっても証明にかわりはないから, 5 けたの数

$$N = 10^4 a + 10^3 b + 10^2 c + 10 d + e$$

について証明する.

$$10 \equiv 1 \quad (\mathrm{mod}\, 9)$$

これに系 2 を用いると, n が正の整数のとき,

$$10^n \equiv 1 \quad (\mathrm{mod}\, 9)$$

したがって, 系 1 の (3) を用いると,

$$10^4a\equiv a,\ 10^3b\equiv b,\ 10^2c\equiv c,\ 10d\equiv d,\ e\equiv e \quad (\text{mod } 9)$$

これらの式の両辺をそれぞれ加えて,

$$N\equiv a+b+c+d+e \quad (\text{mod } 9)$$

よって, $a+b+c+d+e$ が9の倍数ならば, N もまた9の倍数である.

──── **例2** ────

自然数 n を7でわったときの余りを $R(n)$ で表わす. このとき, 等式(n_1, n_2 は任意の自然数)

$$R(n_1n_2)=R\{R(n_1)R(n_2)\} \qquad ①$$

が成り立つことを示し, $R(3^{10})$, $R(3^{100})$ を求めよ.

────────────────────

記号の意味をのみ込んでおかないと, 式①の内容がピンとこないだろう. n_1 と n_2 の積を7でわった余りを求めるにはまず n_1, n_2 をそれぞれ7でわった余りを求め, 次にそれらの積を7でわった余りを求めればよいというのが式①の意味である. たとえば, 65×47を7でわった余りを求めるには, 65を7でわった余り2と47を7でわった余り5を求め, 2×5を7でわった余り3を求めればよい.

2つの数 a, b を7でわった余りが等しいことは a と b が7を法として合同なことであったから

$$R(a)=R(b) \iff a\equiv b \quad (\text{mod } 7) \qquad ②$$

したがって, ①を証明するには,

$$n_1n_2\equiv R(n_1)R(n_2) \quad (\text{mod } 7) \qquad ③$$

を示せばよい. ところが,

$$n_1\equiv R(n_1) \ (\text{mod } 7), \quad n_2\equiv R(n_2) \ (\text{mod } 7) \qquad ④$$

であることは明らかだから，③→④→①の順で①が導かれる．もっと
初歩的な方法で直接証明したいときは，

$$n_1 = 7m_1 + R(n_1), \quad n_2 = 7m_2 + R(n_2)$$

とおいて，両辺をそれぞれかけ合わせてみればよい．

次に $R(3^{10})$，$R(3^{100})$ の求め方であるが，これは①を用いると，関
数記号が重なってわかりにくい．それよりは合同の式②を用いるのが
よい．

$$R(3^4) = 4 \text{ から } 3^4 \equiv 4 \pmod 7 \qquad\qquad ⑤$$

$$R(3^3) = 6 = 7-1 \text{ から } 3^3 \equiv -1 \pmod 7$$

$$\text{この両辺を平方して，} 3^6 \equiv 1 \pmod 7 \qquad\qquad ⑥$$

⑤と⑥の両辺をかけて，$3^{10} \equiv 4 \pmod 7$　∴　$R(3^{10}) = 4$

$R(3^{100})$ のときは，$R(3^n)$ のうち 1 になるものを応用するのが能率的
である．⑥に目をつけよう．

$100 = 6 \times 16 + 4$ したがって $3^{100} = (3^6)^{16} \cdot 3^4$ これに⑤と⑥を用いると，

$$(3^6)^{16} \cdot 3^4 \equiv 1^{16} \cdot 4 \pmod 7$$

これより $3^{100} \equiv 4 \pmod 7$　∴　$R(3^{100}) = 4$

——— 例3 ———

x を自然数とするとき，$x^3 - x$ はつねに 6 でわりきれることを示せ．

x を 6 でわったときの余りでわける．これは 6 を法としたときの合
同でみると，

$$x \equiv 0 \pmod 6$$
$$x \equiv 1 \pmod 6$$
$$x \equiv 2 \pmod 6$$

「やさしいや，答4」「君は天才だ」

$$x \equiv 3 \quad (\mathrm{mod}\,6)$$

$$x \equiv -2 \ (\mathrm{mod}\,6)$$

$$x \equiv -1 \ (\mathrm{mod}\,6)$$

と分類することと同じ.

　ところが，$1^3, 2^3, 3^3, (-2)^3, (-1)^3$ を 6 でわってみると,余りはそれぞれ 1, 2, 3, 4, 5 になるから，おのおの

$$x^3 \equiv 0 \quad (\mathrm{mod}\,6)$$

$$x^3 \equiv 1 \quad (\mathrm{mod}\,6)$$

$$x^3 \equiv 2 \quad (\mathrm{mod}\,6)$$

$$x^3 \equiv 3 \quad (\mathrm{mod}\,6)$$

$$x^3 \equiv -2 \quad (\text{mod } 6)$$

$$x^3 \equiv -1 \quad (\text{mod } 6)$$

よって，いずれの場合にも，

$$x^3 \equiv x, \quad \therefore \ x^3 - x \equiv 0 \quad (\text{mod } 6)$$

すなわち，$x^3 - x$ は 6 でわりきれる．

──── **例4** ────

n が整数のとき，$(n-1)n(n+1)$ は 6 の倍数であることを用いて

$$N = n^6 - 2n^4 + 7n^2 - 6n + 17$$

を 6 でわったときの余りを求めよ．

$(n-1)n(n+1) = n^3 - n$ は 6 の倍数だから

$$n^3 \equiv n \quad (\text{mod } 6)$$

この式の両辺を平方して　$n^6 \equiv n^2 \quad (\text{mod } 6)$

また両辺に n をかけて　$n^4 \equiv n^2 \quad (\text{mod } 6)$

$$\therefore \quad -2n^4 \equiv -2n^2 \quad (\text{mod } 6)$$

したがって，もとの式について

$$N \equiv n^2 - 2n^2 + 7n^2 - 6n + 17$$

$$\equiv 6n^2 - 6n + 17$$

$$\equiv 17 \equiv 5 \quad (\text{mod } 6)$$

答は 5 である．

──── **例5** ────

n が正の整数のとき，$3 \times 5^{2n+1} + 2^{3n+1}$ は 17 でわりきれることを証明せよ．

この式を $f(n)$ とおくと

$$f(n) = 15 \times 25^n + 2 \times 8^n$$

ところが $15 \equiv -2,\ 25 \equiv 8 \pmod{17}$ であるから

$$f(n) \equiv (-2) \times 8^n + 2 \times 8^n \equiv 0 \pmod{17}$$

◎ 練 習 問 題 (1) ◎

1. n が整数のとき

$$N = 6n^5 + 15n^4 + 10n^3 - n$$

は 30 の倍数であることを，次の順に証明せよ．

(1) $n^2 \equiv n \pmod 2$ を用いて，N は 2 の倍数であることを示す．

(2) $n^3 \equiv n \pmod 3$ を用いて，N は 3 の倍数であることを示す．

(3) n を次の 5 つの場合に分けて，N は 5 の倍数であることを示す．

$$n \equiv 0,\ n \equiv 1,\ n \equiv 2,\ n \equiv -2,\ n \equiv -1 \pmod 5$$

2. n, m を正の整数とするとき，n^{m+4} と n^m の一の位の数字は同じであることを証明せよ．

3. n が奇数のとき $5^n - 3^n - 2^n$ は 30 でわりきれることを証明せよ．

4. n が正の整数のとき，$8^n - 7n + 48$ は 49 でわりきれることを，次の順序に証明せよ．

(1) $f(n) = 8^n - 7n + 48$ とおいて $f(n+1) - f(n)$ は 49 でわりきれることを示す．

(2) 数学的帰納法による．

5. (1) x が整数のとき，

$|x| \equiv x \pmod 2$

となることを証明せよ.

(2) $x_1, x_2, \cdots, x_n$ が整数のとき,

$$|x_1 - x_2| + |x_2 - x_3| + |x_3 - x_4| + \cdots + |x_{n-1} - x_n| + |x_n - x_1|$$

は偶数であることを証明せよ.

2. ユークリッドの互除法を中心として

$$C_A(\infty)/C_{A_0} = 1/(1+k^{\frac{1}{2}}t)$$

▨ まず，実例から ▨

　入試問題がすべて悪問題ばかりではない．見る目さえ備えていれば，案外すぐれたオモシロイ問題が多い．まず，下の2つの入試問題を考えることから始めよう．

────── 例1 ──────
　2つの整数 a, b について，$a-b$ が3で，わりきれるとき，$a \approx b$ と書くことにする．

(1)　$a \approx b$, $b \approx c$ ならば $a \approx c$ であることを示せ．

(2)　$a \approx b$, $a' \approx b'$ ならば $aa' \approx bb'$ であることを示せ．

(3)　整数 a が3でわりきれないとき，任意の整数 b に対して $ax \approx b$
　　　をみたす整数 x が存在することを示せ．　　　　　　（東京女子大）

────────────────────────

　ここの $a \approx b$ は $a \equiv b \pmod 3$ と同じであるから，(1), (2) については，28ページを参照されたい．ここではふれない．ここでとり上げるのは (3) で，これは整数を3でわった余りで分類してえられるクラスの集合が，どんなときに乗法に関して群をなすかに深い関係がある．これを整数論からみれば，「p, q が互いに素のときは $px+qy=1$ をみたす整数 x, y が存在する」という定理と結びつく．

　そして，この等式の x, y を求めようとすると，Euclid の互除法が必要になるというわけである．

────── 例2 ──────
　m, n, p, q が整数値をとってかわるとき，$12m+8n$ の形の整数全部の集合を M とし，$20p+16q$ の形の整数全部の集合を N とする．

　M と N の一致することを証明せよ．　　　　　　　　（神戸大）

これも先にあげた定理に関連の深いもので，この定理を用いれば一気に解決される．

▨ Euclid の互除法 ▨

Euclid の互除法というのは，2 つの整数 $a, b(a>b)$ の最大公約数の求め方で，次の順序に計算を行なう．

Euclid
（ギリシャ B，C，330〜275）

a を b でわって，余り r_1 を求める．

b を r_1 でわって，余り r_2 を求める．

r_1 を r_2 でわって，余り r_3 を求める．

これをくり返えしていくと，やがてわりきれるときがある．たとえば，

r_2 を r_3 でわったときに，わりきれた

としよう．そのときは，**最後にわった数 r_3 が a, b の最大公約数**である．

たとえば，162と45の最大公約数を求めてみる．

$$
\begin{array}{r}
3 \\
b \cdots\cdots 45) \overline{162} \cdots\cdots\cdots\cdots\cdots\cdots\cdots a \\
135 \quad 1 \\
r_1 \cdots\cdots\cdots 27\,)\ \overline{45} \cdots\cdots\cdots\cdots\cdots b \\
27 \quad 1 \\
r_2 \cdots\cdots\cdots\cdots 18\,)\ \overline{27} \cdots\cdots\cdots r_1 \\
18 \quad 2 \\
r_3 \cdots\cdots\cdots\cdots\cdots\cdots 9\,)\ \overline{18} \cdots\cdots r_2 \\
18 \\
\overline{0}
\end{array}
$$

最後にわりきった数 9 が最大公約数である．

互除法の正しいことを証明するには，その準備として次の補助定理が必要である．

〔**定理1**〕 整数 a を整数 b でわったときの商を q, 余りを r とすれば, a, b の最大公約数と b, r の最大公約数とは等しい.

(証明) a, b の公約数の集合 P と, b, r の公約数の集合 Q とが, 等しいことを示せばよい.

それには,

　　　　P の任意の数 x は Q に属する. 　　　　　　①

　　　　Q の任意の数 y は P に属する. 　　　　　　②

を示せばよい.

$$a = bq + r \qquad ③$$

$$a - bq = r \qquad ④$$

④によって a, b の公約数 x は, r の約数になるから, x は b, r の公約数でもある. したがって①は正しい.

③によって b, r の公約数 y は a の約数になるから, y は a, b の公約数でもある. したがって②は正しい.

(Euclid の互除法の証明)

$$a = bq_1 + r_1$$

$$b = r_1 q_2 + r_2$$

$$r_1 = r_2 q_3 + r_3$$

$$r_2 = r_3 q_4 + 0$$

これらの等式に, 定理1を用いて,

　　　　a, b の G.C.M. $= b, r_1$ の G.C.M.

b, r_1 の G.C.M.$=r_1, r_2$ の G.C.M.

r_1, r_2 の G.C.M.$=r_2, r_3$ の G.C.M.

r_2, r_3 の G.C.M.$=r_3, 0$の G.C.M.$=r_3$

したがって,

a, b の G.C.M.$=r_3$

▨ 互いに素なる2数の性質 ▨

2つの数 a, b が互いに素というのは, a, b が±1以外の公約数をもたないことである. たとえば,

$$3と5, \quad 5と7, \quad -15と32$$

などは, それぞれ互いに素である. 特殊な場合ではあるが, 1と7, 1と1なども互いに素である.

互いに素なる2数 a, b の重要な性質は, 次の定理が成り立つことである.

〔**定理2**〕 a, b が互いに素ならば,

$$ax+by=1$$

をみたす整数 x, y の組が少なくとも1つは存在する.

そのような x, y は, a, b が小さい整数のときは視察で求められる. たとえば, 5と3では,

$$5\times2+3\times(-3)=1 \tag{①}$$

だから, $x=2, y=-3$ である.

また, 5と7では,

$$5 \times 3 + 7 \times (-2) = 1$$

だから，$x=3, y=-2$ である．

このような x, y は1組とは限らない．たとえば，①で 5×3 を加えてひくと，

$$5 \times 2 + \underwave{5 \times 3} + 3 \times (-3) \underwave{-5 \times 3} = 1$$
$$5 \times 5 + 3 \times (-8) = 1$$

となって，もう1組の x, y の値として，

$$x = 5, \quad y = -8$$

が得られる．

（証明）　a, b が互いに素なる正の整数とすると，これらの2数にユークリッドの互除法を行なったときの最後の余りは1になる．

たとえば，$r_3 = 1$ になったとしよう．

$$a = bq_1 + r_1 \tag{①}$$
$$b = r_1 q_2 + r_2 \tag{②}$$
$$r_1 = r_2 q_3 + r_3 \tag{③}$$
$$r_3 = 1 \tag{④}$$

③と④とから

$$1 = r_1 - r_2 q_3$$

②を r_2 について解いて，この式に代入すると，

$$1 = r_1 - (b - r_1 q_2) q_3$$
$$1 = r_1 (1 + q_2 q_3) - b q_3$$

①を r_1 について解いて，上の式に代入すると，

$$1 = (a - bq_1)(1 + q_2 q_3) - bq_3$$

$$\therefore \quad a(1 + q_2 q_3) + b(-q_1 - q_3 - q_1 q_2 q_3) = 1$$

ここで $1 + q_2 q_3,\ -q_1 - q_3 - q_1 q_2 q_3$ をそれぞれ, x, y とおけば, x, y は整数で, しかも

$$ax + by = 1$$

をみたすことになる.

a, b に負の数 があるときは, 符号をかえて試みればよい. たとえば $a > 0,\ b < 0$ のときは $b = -b'$ とおくと, a と b' も互いに素であるから

$$ax + b'y = 1$$

をみたす x, y がある. したがって

$$ax + b(-y) = 1$$

となって, 目的が達せられる.

以上の方法を, 18 と 5 にあてはめてみよう.

18 と 5 はあきらかに, 互いに素である. そこで, Euclid の互除法 をこの 2 数に試みると, 次のようになる.

```
              3 ························· q₁
          5) 18
             15    1 ················· q₂
  r₁ ········3 ) 5
              3    1··············· q₃
  r₂ ·········2 ) 3
                  2
  r₃ ················· 1
```

$q_1 = 3,\ q_2 = 1,\ q_3 = 1$ が得られる.

$$x = 1 + q_2 q_3 = 2$$

$$y = -q_1 - q_3 - q_1 q_2 q_3 = -7$$

この x, y の値は,

$$18x + 5y = 18 \times 2 + 5 \times (-7) = 1$$

となって条件をみたすことがわかる.

〔**定理3**〕 a, b が整数で, その G.C.M. が g ならば

$$ax + by = g$$

をみたす整数 x, y の組が少なくとも1つは存在する.

(証明) a, b を g でわったときの商を a', b' とすると,

$$a = a'g, \quad b = b'g$$

である.

しかも a', b' は互いに素であるから, 定理2によって,

$$a'x + b'y = 1$$

をみたす整数 x, y が存在する. この式の両辺に g をかけ,

$$a'gx + b'gy = g$$

$$\therefore \quad ax + by = g$$

▨ 例2の解について ▨

最初にかかげた 例2 (神戸大の入試問題) にたちもどって 考えてみよう.

     M : $12m + 8n$ の形の整数の集合

     N : $20p + 16q$ の形の整数の集合

証明することは,

$$M = N$$

である.

　M, N の 2 つの式 $12m+8n,\ 20p+16q$ を書きかえてみると,

　　　　$4(3m+2n)$

　　　　$4(5p+4q)$

　そこで, $3m+2n$ と $5p+4q$ に着目する.

　3 と 2 は互いに素だから, 定理 2 を適用することができる. すなわち,

　　　　$3x+2y=1$　　　$(x, y$ は整数$)$

をみたす x, y が存在することになる. 上の式の両辺に任意の整数 k をかけると,

　　　　$3 \cdot kx + 2 \cdot ky = k$

　ここで, $kx=m,\ ky=n$ とおくと,

　　　　$3m+2n=k$

をみたす m, n が存在することになる. いいかえれば, $3m+2n$ は, 任意の整数 k をとりうる. したがって,

　　　　$4(3m+2n)$　すなわち　$12m+8n$

はすべての 4 の倍数をとりうる. つまり,

　　　　M： 4 の倍数全体の集合

全く同じようにして,

　　　　N： 4 の倍数全体の集合

　∴　$M=N$

(注)　$3x+2y=1,\ 5x+4y=1$ をみたす x, y の 1 組は, ともに $x=1, y$

＝－1であることを視察で知り，

$$3-2=1, \qquad 5-4=1$$

これを用いて $4(3m+2n)$ と $4(5p+4q)$ を書きかえる方法もある．

$$4(3m+2n)$$

$$=4\{3(5-4)m+2(5-4)n\}$$

$$=4\{5(3m+2n)+4(-3m-2n)\}$$

$$=4(5p+4q)$$

$$\therefore \quad M \subset N$$

$$4(5p+4q)$$

$$=4\{5(3-2)p+4(3-2)q\}$$

$$=4\{3(5p+4q)+2(-5p-4q)\}$$

$$=4(3m+2n)$$

$$\therefore \quad N \subset M$$

したがって，

$$M=N$$

▨ 例1の解について ▨

こんどは，冒頭にかかげた例1（東京女子大の入試問題）について考えてみよう．

"整数 a が3でわりきれないとき，任意の整数 b に対して，

$$ax \approx b$$

をみたす整数 x の存在することを示せ．"

これが，例1の(3)であった．合同の記号で書けば，

$$ax \equiv b \quad (\bmod\, 3) \qquad\qquad ①$$

をみたす x が存在することを示す問題である．これを示すには，

$$ax' \equiv 1 \quad (\bmod\, 3) \qquad\qquad ②$$

をみたす x' が存在することを示せば十分である．なぜかというに，②
の両辺を b 倍すれば，

$$a \cdot bx' \equiv b \quad (\bmod\, 3)$$

ここで，$bx' = x$ とおくと，①が得られるからである．

「a は3でわりきれない」という仮定に着目する．a が3でわりきれ
ないならば，a と3は互いに素であるから定理2によって，

$$ax' + 3y' = 1$$

をみたす整数 x', y' が存在する．したがって，

$$ax' \equiv 1 \quad (\bmod\, 3)$$

これで目的を達したことになる．

　この問題を一般化すれば，「k が素数のときは，整数 a が k でわり
きれない限り，任意の整数 b に対して，

$$ax \equiv b \quad (\bmod\, k) \qquad\qquad ③$$

をみたす x が存在する」となる．

　なお，先の証明からわかるように，k が素数でなくとも，a と k が
互いに素ならば，任意の整数 b に対して，③をみたす x が存在する．

　なお，先の入試問題で $ax \equiv b \ (\bmod\, 3)$ をみたす x を具体的に求め
ないと気持ちが悪いという方は，a, b を3でわった余りによって分類
し，すべての場合を示せばよい．$ax \equiv b \ (\bmod\, 3)$ において

$a\equiv1,\ b\equiv1$ のときは $x\equiv1\ (\mathrm{mod}\,3)$

すなわち，a,b を 3 でわったときの余りが 1 のときは，x として，3 でわったときの余りが 1 になる任意の数を選べばよい．

$a\equiv1,\ b\equiv2$ のときは $x\equiv2\ (\mathrm{mod}\,3)$

$a\equiv2,\ b\equiv1$ のときは $2x\equiv1$ だから $x\equiv2\ (\mathrm{mod}\,3)$

$a\equiv2,\ b\equiv2$ のときは $2x\equiv2$ だから $x\equiv1\ (\mathrm{mod}\,3)$

▨ 整式に関する合同 ▨

Euclid の互除法は，整式のときも，そのまま用いられる．したがって，定理 2，定理 3 は整式のときにも成り立つから，その応用例をあげてみよう．

――― 例3 ―――

$x^2-2x+3=0$ のとき，次式の $P(x)$ の値を求めよ．
$$P(x)=x^3+2x^2-2x+7+\frac{18}{2x^2-3x+7}$$

これは高校の先生方の得意な問題の 1 つで，解き方としては，整式を $f(x)=x^2-2x+3$ でわったときの余りの応用が常識になっている．

$$Q(x)=x^3+2x^2-2x+7$$

を $f(x)$ でわって，

$$Q(x)=(x+4)f(x)+(3x-5) \qquad\qquad ①$$

ここで，$f(x)=0$ の根 $\alpha=1\pm\sqrt{2}\,i$ を代入すれば，

$$Q(\alpha)=3\alpha-5$$
$$=3(1\pm\sqrt{2}\,i)-5$$
$$=-2\pm3\sqrt{2}\,i$$

となる.

$$R(x) = 2x^2 - 3x + 7$$

を $f(x)$ でわって,

$$R(x) = 2f(x) + (x+1) \qquad ②$$

$$R(\alpha) = \alpha + 1 = 2 \pm \sqrt{2}\,i$$

そこで,

$$P(x) = -2 \pm 3\sqrt{2}\,i + \frac{18}{2 \pm \sqrt{2}\,i}$$

$$= -2 \pm 3\sqrt{2}\,i + 6 \mp 3\sqrt{2}\,i$$

$$= 4$$

以上がよく見かける解である.

これを整式に関する合同から見直したら,どうなるだろうか.

2 つの整式を $A(x)$, $B(x)$ とするとき,

$$A(x) - B(x)$$

が整式 $f(x)$ でわりきれるならば,$A(x)$ と $B(x)$ は,**$f(x)$ を法として合同である**といい,これを,

$$A(x) \equiv B(x) \qquad (\mathrm{mod}\, f(x))$$

と書くことにする.

そうすると,$f(x) = 0$ の根 α に対しては,

$$A(\alpha) = B(\alpha)$$

が成り立つ.

この表わし方によると,①,②から,

$$Q(x) \equiv 3x - 5 \qquad (\mathrm{mod}\, f(x))$$

$$R(x) \equiv x + 1 \qquad (\mathrm{mod}\, f(x))$$

$f(x)＝x^2－2x＋3＝0$ の根を α とすると,

$$Q(\alpha)＝3\alpha－5, \quad R(\alpha)＝\alpha＋1$$

$$\therefore \quad P(\alpha)＝Q(\alpha)＋\frac{18}{R(\alpha)}$$

先の解は, この式の値を計算したことになる.

ここでは, 一歩すすめて, $\dfrac{18}{R(\alpha)}$ を整式の値として求めることを考えてみる. $x＋1$ と $f(x)＝x^2－2x＋3$ とは互いに素なる整式であるから, 定理2によって,

$$f(x)\cdot g(x)＋(x＋1)h(x)＝1$$

をみたす整式 $g(x), h(x)$ が存在する. そのような整式は Euclid の互除法で求められる.

$f(x)$ を $x＋1$ でわって,

$$f(x)＝(x＋1)(x－3)＋6$$

$$f(x)\cdot\frac{1}{6}＋(x＋1)\cdot\frac{3－x}{6}＝1 \tag{③}$$

$g(x), h(x)$ にあたる式は $\dfrac{1}{6}, \dfrac{3－x}{6}$ である.

③を合同の式で示すと,

$$(x＋1)\cdot\frac{3－x}{6}\equiv1 \quad (\mathrm{mod}\, f(x))$$

ここで x に α を代入すると

$$(\alpha＋1)\cdot\frac{3－\alpha}{6}＝1$$

$$\therefore \quad \frac{1}{\alpha＋1}＝\frac{3－\alpha}{6}$$

$$P(\alpha)＝3\alpha－5＋3(3－\alpha)＝4$$

任意の整式 $P(x)$ を $f(x)=x^2-2x+3$ でわったときの余りは高々
1次式であるから，すべての整式は，$f(x)$ を法として，高々1次式
$Q(x)$ に合同になる．

$$P(x)\equiv Q(x)\qquad (\mathrm{mod}\, f(x))$$
　　↑　　↑
　任意　高々1次式

そして，$Q(x)$ がとくに $f(x)$ と互いに素なるときは

$$Q(x)\cdot R(x)\equiv 1\qquad (\mathrm{mod}\, f(x))$$

をみたす整式 $R(x)$ が必ず存在する．$R(x)$ があれば，それと合同な
高々1次式が必ずあるのだから，結局上の式をみたす $R(x)$ で高々1
次のものが存在することになる．ただし $R(x)$ は恒等的に0ではない．

　その $R(x)$ は，Euclid の互除法によらなくとも，次のように，初歩
的方法で求められる．

　たとえば，$Q(x)=x+1$ のとき

$$(x+1)(px+q)\equiv 1\qquad (\mathrm{mod}\, f(x))$$

とおいてみると

$$px^2+(p+q)x+q-1\equiv 0\qquad (\mathrm{mod}\, f(x))$$

左辺を $f(x)$ で割って余りを求め

$$(3p+q)x+(-3p+q-1)\equiv 0\qquad (\mathrm{mod}\, f(x))$$

これが成り立つためには

$$3p+q=0,\quad -3p+q-1=0$$

これを解いて p,q を求めると

$$px+q=-\frac{1}{6}x+\frac{1}{2}$$

となって，先に求めた結果と一致する．

一般に $Q(x)=ax+b$ のとき

$$(ax+b)(px+q)\equiv 1 \qquad (\mathrm{mod}\,f(x)) \tag{①}$$

をみたす $px+q$ が存在する条件を，上と同様にして求めてみると

$$\begin{cases} (2a+b)p+aq=0 \\ 3ap-bq=-1 \end{cases}$$

これをみたす p, q がなければならない．その条件は

$$(2a+b)(-b)-3a\cdot a\neq 0$$

$$b^2+2ab+3a^2\neq 0$$

この式は $-\dfrac{b}{a}$ が $f(x)=0$ の根でないこと，すなわち $ax+b$ と $f(x)$ は互いに素であることを示している．したがって，$ax+b$ が $f(x)$ と互いに素ならば，①をみたす $px+q$ が存在するのである．

以上の考えを発展させると，整式の重要な理論に結びつくのであるが，それについては別の機会にゆずることにしよう．

◉ 練 習 問 題 (2) ◉

6.　Euclid の互除法によって，次の整数の最大公約数を求めよ．

(1)　1302, 903　　(2)　1320, 1680, 832

7.　Euclid の互除法によって，次の整式の最大公約数を求めよ．

(1)　$x^3-6x^2+6x-5,\ 2x^4+4x^3-11x^2+13x-7$

(2)　$2x^3-x^2-5x-2,\ 6x^2-7x-5,\ 2x^3+x^2+2x+1$

8.　次の等式をみたす整式 $f(x),\ g(x)$ を 1 組求めよ．

(1)　$f(x)(x+1)+g(x)(x^2+3x-6)=1$

(2)　$f(x)(x^2-2x+3)+g(x)(x^2-x-2)=18$

9.　m, n が任意の整数値をとるとき，$14m+10n$ はどんな数を 表わ すか．

10.　$3l$ のますと $5l$ のますがある．これを何回か用いて $1l$ の水をはか り分けることができるか．また $4l$ のますと $6l$ のますとではどうか．

11.　a, b が任意の整数のとき，次の式をみたす整数 x は必ずあるか．

(1)　a が 5 の倍数でないとき　$ax\equiv b$　$(\mathrm{mod}\,5)$

(2)　a が 4 の倍数でないとき　$ax\equiv b$　$(\mathrm{mod}\,4)$

12.　$f(x)=x^2+3x-1=0$ のとき

$$P(x)=2x^2-3x+11+\frac{x^2+3x+8}{3x^3+13x^2+10x-6}$$

の値を求めよ．

3. オイラーの関数

1 から n までの自然数 のうち n と素であるものの 個数を **Euler** の関数といい, ふつう

$$\varphi(n)$$

で表わす.

$n=15$ とすると, 1, 2, …, 15 のうち15と素であるものは 1, 2, 4, 7, 8, 11, 13, 14の 8 個であるから

$$\varphi(15)=8$$

同様にして $n=1, 2, 3, \cdots$ に対応する $\varphi(n)$ の値を求めてみると, 次のグラフになる.

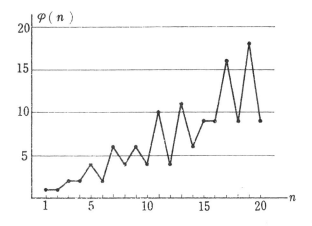

n が素数のところでグンとはね上るが, 合成数のところでダウンは当然である.

▨ 整数論的関数 ▨

Euler の関数は, 整数論的関数のうち初等的で, しかも重要なものの 1 つで, 整数論の研究のもとになる.

整数論的関数というのは，整数論で有用な関数のことである．従属変数は整数で，独立変数は整数または実数のものが主である．

この種の関数で，高校以来親しみのあるのは，自然数 n の正の約数の個数を表わす関数 $T(n)$ であろう．

n を素因数分解したものを

$$n = p^l q^m r^k \cdots \cdots \qquad ①$$

とすると

$$T(n) = (l+1)(m+1)(k+1)\cdots\cdots$$

となることは，高校で順列・組合わせのところで習った方が多いことと思う．

この関数には

　a, b が互いに素のとき $T(ab) = T(a)T(b)$

の性質がある．このとき $T(n)$ は，**乗法的**であるという．

整数論的関数としては，このほかに自然数の約数の和 $S(n)$ がある．
n が①のように素因数分解されたとすれば

$$S(n) = \frac{p^{l+1}-1}{p-1} \cdot \frac{q^{m+1}-1}{q-1} \cdot \frac{r^{k+1}-1}{r-1}\cdots\cdots$$

となる．

これも，高校で，等比数列の和の公式の応用として習ったことであろう．

この関数も乗法的で，a, b が互いに素のとき

　$S(ab) = S(a)S(b)$

が成り立つ．

独立変数が実数で最も初歩的なものとしては，**Gauss 関数** $[x]$ をあ

げるのが適当であろう．$[x]$ は x を越えない最大の整数を表わすから

$$[5.6]=5, \quad [-2.8]=-3$$

高校生では $[-2.8]=-2$ とするミスが目立つ．このようなミスは 数
直線による理解で除かれるだろう．

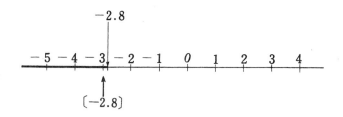

▨ ある問題とその証明 ▨

───── 例 ─────

自然数 n と互いに素であって n を越えない自然数の個数を $\varphi(n)$ で
表わす．p, q が異なる 2 つの素数とするとき，次の等式を証明せよ．

$$\varphi(pq)=(p-1)(q-1)$$

（京都府立大）

───────────────────────────

これは明らかに Euler の関数の問題である．

この問題では p, q に異なる素数という条件がついているので，証明
はむずかしくない．

pq 以下の自然数のうち，pq と互いに素でないものの個数 を求め，
それを pq からひくと考えれば，たやすく解決される．

pq 以下の自然数で

p を因数にもつものは

$$p, 2p, 3p, \cdots\cdots, (q-1)p, qp \qquad \text{①}$$

q を因数にもつものは

$q, 2q, 3q, \cdots\cdots, (p-1)q, pq$ ②

この両者には pq 以外に共通なものがない. な

ぜかというに, たとえば①の中の mp と②の中の

nq とが等しくなったとすると

$mp = nq$

$(1 \leqq m \leqq q-1, \ 1 \leqq n \leqq p-1)$

右辺は q でわりきれるから, mp は q でわりきれ

Euler
(スイス 1707〜1783)

る. ところが p, q は異なる素数であるから, p は q でわりきれないか

ら, m が q でわりきれなければならない. ところが m は q より小さい

から, q ではわりきれない. したがって, 上の式は成り立たない.

　以上から, pq 以下の自然数で, pq と互いに素でないものの個数は

$p+q-1$ であることがわかる. したがって

$$\varphi(pq) = pq - (p+q-1) = (p-1)(q-1)$$

▨ Euler の関数を表わす式 ▨

　上の問題を一般化すると, 次の定理がえられる.

〔**定理**〕　$n(n>1)$ を素因数分解したものを

$$n = p^l q^m r^k \cdots\cdots$$

とすると

$$\varphi(n) = n\left(1 - \frac{1}{p}\right)\left(1 - \frac{1}{q}\right)\left(1 - \frac{1}{r}\right)\cdots\cdots$$

　この定理の証明はいろいろあるが, どれも, 簡単ではない.

　そこでボクは近くの公園のベンチに腰を下し, ときどき空を仰ぎな

がら，やさしい方法はないものかと，アレコレ考えてみた．

　はじめ，数学的帰納法をくふうした．もちろん，これもできるが，余りやさしいものにはならなかった．次に考えたのが，剰余類を利用する方法を具体的数値の例で説明するものである．これならば，どなたにもわかっていただけるのでないかという気がする．次にそれを紹介しよう．

　準備として，$\varphi(n)$ の乗法性

（ i ） **a, b が互いに素のとき $\varphi(ab)=\varphi(a)\varphi(b)$**

を明らかにする．

　これがわかれば，証明は90%できたようなものである．

　わかりやすくするために

$$a=8(=2^3), \quad b=9(=3^2)$$

の場合を考えてみよう．

$$A = \{1, 2, 3, 4, 5, 6, 7, 8\}$$
$$B = \{1, 2, 3, 4, 5, 6, 7, 8, 9\}$$

とおくと，

　Aのうち8と互いに素なるもの，Bのうち9と互いに素なるものは，次の太字の数である．

$$A = \{1, 2, \mathbf{3}, 4, \mathbf{5}, 6, \mathbf{7}, 8\} \qquad \varphi(8)=4$$
$$B = \{1, 2, 3, \mathbf{4}, \mathbf{5}, 6, \mathbf{7}, \mathbf{8}, 9\} \qquad \varphi(9)=6$$

　Aは mod 8 の剰余類の代表元の集合とみられ，Bは mod 9 の剰余類の代表元の集合とみられることに注意しよう．

　さて ab と互いに素なる数であるが，これは

$$C = \{1, 2, 3, \cdots\cdots, 72\}$$

の中から見つける．それを順にひろい出してみても，それを支配する原理が簡単にはわからない．そこで，8 と 9 が互いに素であることに目をつけ，A, B を用いて C を作り出すことを考えてみる．

8 と 9 は互いに素であるから

$$8x' + 9y' = 1 \qquad\qquad ①$$

をみたす整数 x', y' が存在する．これについては本書の33ページをごらん頂きたい．

①の両辺に任意の整数 m をかけると

$$8 \cdot mx' + 9 \cdot my' = m$$

$mx' = x,\ my' = y$ とおくと

$$8x + 9y = m$$

となるから，任意の整数は $8x + 9y$ の形の式につねに表わされることがわかる．したがって，C のすべての元もまた，この形の式で表わされる．

ところが，不思議なことに，いや有難いことに，x が B の元全部を動き，y が A の元全部を動けば

$$8x + 9y$$

は C の元全部を動くのである．ただし mod 8×9 で合同のものは区別しないから 8×9 の倍数は無視する．

それを表に示して確かめてみよう．

この表の数字は $8x + 9y$ の値が $8 \times 9 = 72$ を越したものは，72の倍数をひいて 72 以下となるように直してある．すなわち 1, 2, 3, 4, 5, 6, 7 のならんでいる右上りの斜めの欄および，その下側は実際の数より72だけ小さい．

この表をみると，明らか
に1から72までの整数で
つくされていて，しかも
同じ数は2度現われないか
ら，集合Cと一致する．

y＼x	1	2	3	4	5	6	7	8
1	17	26	35	44	53	62	71	8
2	25	34	43	52	61	70	7	16
3	33	42	51	60	69	6	15	24
4	41	50	59	68	5	14	23	32
5	49	58	67	4	13	22	31	40
6	57	66	3	12	21	30	39	48
7	65	2	11	20	29	38	47	56
8	1	10	19	28	37	46	55	64
9	9	18	27	36	45	54	63	72

この理由を明らかにしよう．それには

$$8x+9y \quad (x \in B, \ y \in A)$$

には mod 8×9 で合同になるものはないことを示せばよい．すなわち

$$8x_1+9y_1 \equiv 8x_2+9y_2 \qquad (\mathrm{mod}\ 8 \times 9) \qquad\qquad ②$$

が成り立たないことを示せばよい．

ただし $x_1 \neq x_2$ または $y_1 \neq y_2$ である．

たとえば $x_1 \neq x_2$ とすると

$$8(x_1-x_2)=8 \times 9m-9(y_1-y_2)$$

右辺は9の倍数だから左辺も9の倍数．ところが8と9は互いに素であるから x_1-x_2 が9でわりきれなければならない．一方 $1 \leqq |x_1-x_2| < 9$ であるから x_1-x_2 が9でわりきれることはない．

結局②は成り立たない．

次に，上の表の数字 1, 2, ……, 72 で 8×9 と互いに素なるものを探し出し，太字で示してみると，表のように規則的にならんでいる．

その規則というのは，x が9と互いに素で，しかも，y が8と互いに素のとき $8x+9y$ は 8×9 と互いに素になり，これ以外の場合はおき

ないことである.

　ふつう，a, b の最大公約数を (a, b) で表わすから，この表わし方を用いると上でわかったことは

$$(x, 9)=1 \text{ and } (y, 8)=1 \Longleftrightarrow (8x+9y, 8\times9)=1$$

とまとめられる.

　同値な命題の否定はまた同値だから，上のことを証明するには

$$(x, 9)\neq1 \text{ or } (y, 8)\neq1 \Longleftrightarrow (8x+9y, 8\times9)\neq1$$

を証明すればよい.

　たとえば

　$(x, 9)\neq1$ であったとすると，x と 9 には素数の公約数がある. 3 がそれであったとすると，$8x+9y$ は 3 を因数にもつから $8x+9y$ と 8×9 は 3 を公約数にもち

$$(8x+9y, 8\times9)\neq1 \qquad\qquad\qquad ③$$

となる.

　$(y, 8)\neq1$ のときも同様.

　逆に③が成り立つとすると $8x+9y, 8\times9$ には素数の公約数がある. それは 8 と 9 のどちらかの素因数である. たとえばそれが 3 であったとすると，$8x+9y$ は 3 でわりきれる. したがって x は 3 でわりきれるから，x と 9 は公約数 3 をもつことになるので

$$(x, 9)\neq1$$

これで証明された.

　以上によって，表のように太字の数がならぶことが明らかになったから

$$\varphi(8\times9)=\varphi(8)\varphi(9)$$

が証明された.

以上の証明は 8 を a, 9 を b などとかきかえても, a, b が互いに素である限り, そのまま成り立つ. したがって, 一般に

$$(a, b)=1 \Rightarrow \varphi(ab)=\varphi(a)\varphi(b)$$

(ii) n を素因数分解した式を

$$n=p^l q^m r^k \cdots\cdots$$

とすると, p^l と $q^m r^k \cdots\cdots$ とは互いに素であるから(i)によって

$$\varphi(n)=\varphi(p^l)\varphi(q^m r^k \cdots\cdots)$$

次に q^m と $r^k \cdots\cdots$ とは互いに素であるから

$$\varphi(q^m r^k \cdots)=\varphi(q^m)\varphi(r^k \cdots)$$

同様のことをくり返すことによって

$$\varphi(n)=\varphi(p^l)\varphi(q^m)\varphi(r^k)\cdots\cdots$$

(iii) p が素数のとき

$$\varphi(p^l)=p^l\left(1-\frac{1}{p}\right)$$

を証明すればよいことになった.

$1, 2, 3, \cdots\cdots, p^l$ のうちで, p^l と互いに素でない数は

$$1\cdot p, \quad 2\cdot p, \quad 3\cdot p, \quad \cdots\cdots, \quad p^{l-1}\cdot p$$

で, この個数は p^{l-1} であるから, p^l と互いに素なる数の個数は

$$\varphi(p^l)=p^l-p^{l-1}=p^l\left(1-\frac{1}{p}\right)$$

(iv) 以上の(ii)と(iii)の結果から

$$\varphi(n) = p^l\left(1-\frac{1}{p}\right) \cdot q^m\left(1-\frac{1}{q}\right) \cdot r^k\left(1-\frac{1}{r}\right)\cdots\cdots$$

$$= n\left(1-\frac{1}{p}\right)\left(1-\frac{1}{q}\right)\left(1-\frac{1}{r}\right)\cdots\cdots$$

これで完全に証明された.

この公式は $n=1$ のときは用いられない. このときは特に

$$\varphi(1) = 1$$

である.

上の公式を使ってみる.

$n=60$ のとき

$$60 = 2^2 \cdot 3 \cdot 5$$

$$\varphi(n) = 60\left(1-\frac{1}{2}\right)\left(1-\frac{1}{3}\right)\left(1-\frac{1}{5}\right) = 16$$

その16個の数は

1, 7, 11, 13, 17, 19, 23, 29, 31,

37, 41, 43, 47, 49, 53, 59

▨ **Euler の関数の別証明** ▨

集合の性質を用いる別の証明も考えられる.

よく知られているように, 有限集合Aの元の個数を|A|で表わすことにすると

2つの集合のとき

$$|A \cup B| = |A| + |B| - |A \cap B|$$

式を簡単にするため∩を省略すれば

$$|A \cup B| = |A| + |B| - |AB|$$

これはよく知られている式であるから，証明するまでもないだろう．

これを3つの集合に拡張すれば

$$|A \cup B \cup C| = |A| + |B| + |C|$$
$$- |AB| - |AC| - |BC| + |ABC|$$

4つ以上の集合についても同様の式が成り立つ．

これらを応用すれば，Euler の関数を表わす式はたやすく導かれる．

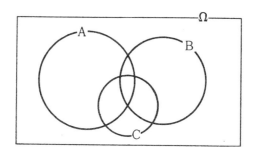

$\varphi(n)$ の拡張として，次の記号を考えよう．

n の異なる素因数を $p, q, r, \cdots\cdots$ とするとき，n 以下の自然数のうち，$pqr\cdots\cdots$ と素なる数の個数を

$$\varphi(n|pqr\cdots\cdots)$$

で表わすことにする．

たとえば 60 以下の自然数のうち，$2 \cdot 3 = 6$ と素なる数は

$$1, \ 5, \ 7, \ 11, \ 13, \ 17, \ 19, \ 23, \ 25, \ 29, \ 31,$$
$$35, \ 37, \ 41, \ 43, \ 47, \ 49, \ 53, \ 55, \ 59$$

の20個であるから

$$\varphi(60|2 \cdot 3) = 20$$

この数は

$$60\left(1-\frac{1}{2}\right)\left(1-\frac{1}{3}\right)$$

に等しいから

$$\varphi(60|2\cdot3)=60\left(1-\frac{1}{2}\right)\left(1-\frac{1}{3}\right)$$

となることがわかる.

このような事実を証明すれば, Euler の関数は証明される. n を素因数分解した式を

$$n=p^l q^m r^k\cdots\cdots$$

としよう.

n 以下の自然数で, p の倍数は

$$p,\ 2\cdot p,\ 3\cdot p,\ \cdots\cdots,\ \frac{n}{p}\cdot p$$

で, この個数は $\dfrac{n}{p}$, したがって p と素なる数の個数は

$$\varphi(n|p)=n-\frac{n}{p}=n\left(1-\frac{1}{p}\right)$$

次に n 以下の自然数で pq と素なる数の 個数を求めてみよう. それには p または q の倍数の個数を n からひけばよい.

p の倍数の集合

$$\mathrm{A}=\left\{p,\ 2p,\ 3p,\ \cdots\cdots,\ \frac{n}{p}p\right\}$$

q の倍数の集合

$$\mathrm{B}=\left\{q,\ 2q,\ 3q,\ \cdots\cdots,\ \frac{n}{q}q\right\}$$

pq の倍数の集合は A, B の共通集合であるから

$$\mathrm{AB}=\left\{pq,\ 2pq,\ 3pq,\ \cdots\cdots,\ \frac{n}{pq}pq\right\}$$

そして

$$|A|=\frac{n}{p}, \quad |B|=\frac{n}{q}, \quad |AB|=\frac{n}{pq}$$

「p または q の倍数」の個数は

$$|A \cup B| = |A| + |B| - |AB|$$

$$= \frac{n}{p} + \frac{n}{q} - \frac{n}{pq}$$

したがって，pq と互いに素なる数の個数は

$$\varphi(n|pq) = n - \frac{n}{p} - \frac{n}{q} + \frac{n}{pq}$$

$$= n\left(1 - \frac{1}{p}\right)\left(1 - \frac{1}{q}\right)$$

全く同様にして

$$\varphi(n|pqr) = n - \frac{n}{p} - \frac{n}{q} - \frac{n}{r}$$

$$+ \frac{n}{pq} + \frac{n}{pr} + \frac{n}{qr} - \frac{n}{pqr}$$

$$= n\left(1 - \frac{1}{p}\right)\left(1 - \frac{1}{q}\right)\left(1 - \frac{1}{r}\right)$$

以下同様のことをくり返し

$$\varphi(n|pqr\cdots\cdots) = n\left(1 - \frac{1}{p}\right)\left(1 - \frac{1}{q}\right)\left(1 - \frac{1}{r}\right)\cdots\cdots$$

これは Euler の関数 $\varphi(n)$ に等しい.

▨ Möbius の関数 ▨

Euler の関数

$$\varphi(n) = n\left(1 - \frac{1}{p_1}\right)\left(1 - \frac{1}{p_2}\right)\left(1 - \frac{1}{p_3}\right)$$

の右辺を展開すると

$$\varphi(n) = \frac{n}{1} - \frac{n}{p_1} - \frac{n}{p_2} - \frac{n}{p_3}$$

$$+ \frac{n}{p_1 p_2} + \frac{n}{p_1 p_3} + \frac{n}{p_2 p_3} - \frac{n}{p_1 p_2 p_3}$$

この式の各項の係数を表わす方法はないだろう
か. 行列などでは **クロネッカー** (Kroneker) の
デルタという関数 δ_{ij}

Kronecker
（ドイツ 1823～1891）

$$\delta_{ij} = \begin{cases} 1 & (i=j) \\ 0 & (i \neq j) \end{cases}$$

があって，単位行列を簡単に表わしたりする.

これにならって，上の各項の係数を表わす関数が考えられている.

$\varphi(n)$ の式の各項の分母をみると，いずれも n の約数である. そこ
で n の約数を d とするとき，d についての関数 $\mu(d)$ を考え，次のよ
うに定める.

分母が 1 のとき $\frac{n}{1}$ の係数は 1 であることを考慮して

$$\mu(1) = 1$$

と定める.

分母が p_1, p_2, p_3 のとき $\frac{n}{p_1}, \frac{n}{p_2}, \frac{n}{p_3}$ の係数が−1であることを
考慮して，d が素数であるとき

$$\mu(d) = -1$$

分母が $p_1 p_2, p_1 p_3, p_2 p_3$ のとき $\frac{n}{p_1 p_2}, \frac{n}{p_1 p_3}, \frac{n}{p_2 p_3}$ の係数が 1 である
ことを考慮して，d が 2 つの異なる素数の積のとき

$$\mu(d) = 1$$

同様の理由で, d が 3 つの異なる素数の積のとき

$$\mu(d) = -1$$

一般に d が i 個の異なる素数の積のとき

$$\mu(d) = (-1)^i$$

と定める.

このほかの d のとき, すなわち d が素数の平方
の因数を少なくとも 1 つもつとき

$$\mu(d) = 0$$

と定める.

Möbius
（ドイツ 1790～1868）

以上をもとめると

$$\mu(d) = \begin{cases} 1 & (d=1) \\ (-1)^i & (d \text{ が異なる } i \text{ 個の素数の積}) \\ 0 & (d \text{ が素数の平方を因数にもつ}) \end{cases}$$

この関数 $\mu(d)$ を（**メービュス**）Möbius の**関数**という.

これを用いると Euler の関数は

$$\varphi(n) = \sum \mu(d) \frac{n}{d} \quad (d \text{ は } n \text{ の約数})$$

と簡単に表わされる.

たとえば $n = 225 = 3^2 \cdot 5^2$ とすると

d	1	3	3^2	5	$5 \cdot 3$	$5 \cdot 3^2$	5^2	$5^2 \cdot 3$	$5^2 \cdot 3^2$
$\mu(d)$	1	-1	0	-1	1	0	0	0	0

$$\varphi(n) = 1 \cdot \frac{225}{1} + (-1) \cdot \frac{225}{3} + 0 \cdot \frac{225}{3^2} + (-1) \cdot \frac{225}{5}$$

$$+ 1 \cdot \frac{225}{5 \cdot 3} + 0 \cdot \frac{225}{5 \cdot 3^2} + 0 \cdot \frac{225}{5^2} + 0 \cdot \frac{225}{5^2 \cdot 3} + 0 \cdot \frac{225}{5^2 \cdot 3^2}$$

$$= 225 - \frac{225}{3} - \frac{225}{5} + \frac{225}{3\cdot 5}$$

$$= 120$$

◉ 練 習 問 題 (3) ◉

13. 100以下の自然数のうち, 100と互いに素なるものの個数を Euler の関数を表わす公式を用いないで求めよ.

14. 100以下の自然数のうち, 30と互いに素なるものの個数を求めよ.

15. 9800の約数は何個か.

16. 360のすべての約数の和を求めよ.

17. p, q, r が異なる素数で $N = p^\alpha q^\beta r^\gamma$ のとき, N を互いに素な2つの因数に分ける仕方は何通りあるか.

18. ある自然数の約数全部の和がもとの数の2倍に等しいとき, その自然数を**完全数**という. p, q, r, s, t, u を素数として, 次の問に答えよ.

(1) pq という形の完全数は6だけであることを証明せよ.

(2) $r^2 s$ という形の完全数はあるかないか. また, あるならばそれを求めよ.

(3) $t^2 u^2$ という形の完全数について(2)と同じことを考えよ.

19. 8個の約数をもつ最小の自然数を求めよ.

20. 自然数 N を2つの因数に分解する仕方の数を $f(N)$ で表わすことにする.

(1) N を素因数分解した結果が p^α のとき $f(N)$ を求めよ.

(2) N を素因数分解した結果が $p^\alpha q^\beta$ のとき $f(N)$ を求めよ.

21.　Möbius の関数 $\mu(d)$ は乗法的であること，すなわち，次のことを証明せよ.

　　a, b が互いに素ならば　$\mu(ab) = \mu(a)\mu(b)$

22.　$n > 1$ のとき n の約数を d とすると

　　$\sum \mu(d) = 0$

4. 合成関数と逆関数

────── 例1 ──────

$f(x)=\dfrac{1}{x}$, $g(x)=1-x$ とする. この $f(x)$, $g(x)$ の双方に対して, x に $f(x)$, $g(x)$ を代入して合成関数を作る. その合成関数のそれぞれに対して x に再び $f(x)$, $g(x)$ を代入し, 以下同様の代入を続けていくものとする. このとき現われる関数をすべて求めよ. （立教大）

────────────────────

この問題は, 2つの側面から眺められよう. 現われる関数

$$x, \quad \frac{1}{x}, \quad 1-x, \quad \frac{x}{x-1}, \quad \frac{1}{1-x}, \quad \frac{x-1}{x}$$

に着目すれば, 代数的には群論に関連があり, 幾何的には射影幾何などに関連があり, 極めて興味深い. しかしここでは, 関数の合成という平凡な側面に目を向けてみたい.

　本問は用語として「合成関数」が2回も出るが, 文章は式の計算に主眼があるような錯覚を与える. このことは, 入試問題集をみると「式の計算」の項にいれてあることからもうなずけよう. また, 高校における関数の指導の欠陥とみることもできよう.

　関数の本質は対応であって, 関数の合成は対応の合成である. 式は関数の表現に用いられることがあるが, 関数と同じものとは限らず, 式固有の領域がある. 関数の合成 すなわち 式の計算とみるのは正しくない.

　そこで, 関数の合成にはいるまえに, 予備知識として, 関数の定義をふり返ってみることにする.

▨ 関　　数 ▨

2つの集合 A, B があって, Aの任意の元に対応して, Bの元を1

つずつ定める規則が与えられているとき，この対応の規則を

　　　AからBへの**関数（写像）**

というのである．

　この関数はふつう f, g, F, φ などの文字で表わす．

　そして関数 f によって，Aの元 x にBの元 y が対応することを

　　　$x \xrightarrow{\ f\ } y, \qquad f: x \longrightarrow y$

または

　　　$y = f(x)$

などと書く．

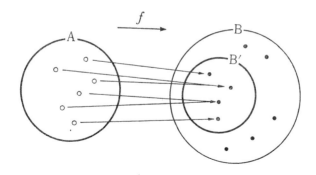

　それから，y を x の**像**といい，x を y の**原像**という．ある元の像はつねに1つであるが，ある元の原像は1つと限らない．たとえば上の図では，原像が2つの場合がある．

　Aを**定義域**，Bを**終域**という．x がAのすべての元をつくすとき，その像 y はBの部分集合 B′ を作る．この集合 B′ を**値域**という．

▨ 関 数 の 合 成 ▨

さてそれでは，関数を以上のように定義づけたとき，関数の合成は

どう定義されるだろうか.

いま, 3つの集合 A, B, C があって

A から B への関数 f

B から C への関数 g

が与えられているとしよう.

このとき, 関数 f によって, A の任意の元 a には B の 1 つの元 b が対応し, さらに関数 g によって B の元 b には C の 1 つの元 c が対応するとしよう. そうすると, A の元 a には, C の 1 つの元 c が対応するから, A から C への関数が新しく考えられる.

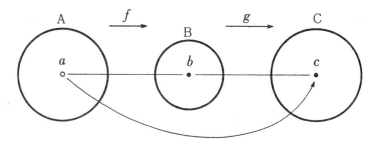

この新しい関数を, 関数 f に関数 g を合成した関数または, f と g の**合成関数**というのである.

この合成関数をどのように表わしたらよいであろうか. 2 に 3 をたすことは 2+3, 2 に 3 をかけることは 2×3 と表わすことなどからみて, f に g を合成することは, f, g の順に従って

$$f \times g, \qquad f \circ g$$

とでも表わしたらよいように思われる. ところが実際はそうでない. この逆の順

$$g \times f, \qquad g \circ f$$

が都合よいのである. そのわけを明らかにしてみる.

$a \xrightarrow{f} b$ から $b=f(a)$

$b \xrightarrow{g} c$ から $c=g(b)$

これらの2式から，b を消去すると

$c=g(f(a))$

これが，a に c を対応させる関数を示す式である．f と g の順は g, f の順である．

だから，f に g を合成した関数は，$g \times f, g \circ f$ などで表わすのが自然なのである．ここでは

$g \circ f$ または gf

を用いることにしよう．

この定義をまとめて書くと

$g \circ f(x)=g(f(x))$

または　　$gf(x)=g(f(x))$

たとえば自然数（0を含める）に

f：3でわった余りを対応させる．

g：平方数を対応させる．

このとき，合成関数 $g \circ f$ と $f \circ g$ を求めてみる．

$f:\begin{cases} 0 \longrightarrow 0 \\ 1 \longrightarrow 1 \\ 2 \longrightarrow 2 \\ 3 \longrightarrow 0 \\ 4 \longrightarrow 1 \\ 5 \longrightarrow 2 \\ 6 \longrightarrow 0 \\ 7 \longrightarrow 1 \\ \cdots\cdots \\ \cdots\cdots \end{cases}$
$g:\begin{cases} 0 \longrightarrow 0 \\ 1 \longrightarrow 1 \\ 2 \longrightarrow 4 \\ 3 \longrightarrow 9 \\ 4 \longrightarrow 16 \\ 5 \longrightarrow 25 \\ 6 \longrightarrow 36 \\ 7 \longrightarrow 49 \\ \cdots\cdots \\ \cdots\cdots \end{cases}$

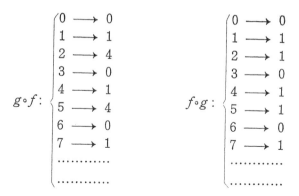

$$g \circ f : \begin{cases} 0 \longrightarrow 0 \\ 1 \longrightarrow 1 \\ 2 \longrightarrow 4 \\ 3 \longrightarrow 0 \\ 4 \longrightarrow 1 \\ 5 \longrightarrow 4 \\ 6 \longrightarrow 0 \\ 7 \longrightarrow 1 \\ \cdots \\ \cdots \end{cases} \qquad f \circ g : \begin{cases} 0 \longrightarrow 0 \\ 1 \longrightarrow 1 \\ 2 \longrightarrow 1 \\ 3 \longrightarrow 0 \\ 4 \longrightarrow 1 \\ 5 \longrightarrow 1 \\ 6 \longrightarrow 0 \\ 7 \longrightarrow 1 \\ \cdots \\ \cdots \end{cases}$$

▨ 合成関数の性質 ▨

先の例から，関数の合成では，交換律

$$g \circ f = f \circ g$$

は，必ずしも成り立たないことがわかる．

さてそれでは，結合律はどうか．3つの関数を f, g, h とし，f によって元 x に元 y, g によって元 y に元 z, h よって元 z に元 u が対応したとしよう．

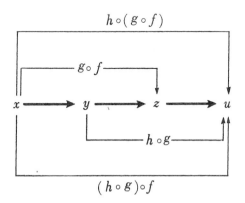

$g \circ f$ によって x に z が対するから，$h \circ (g \circ f)$ によって x に u が対応する．

また $h \circ g$ によって y に u が対応するから，$(h \circ g) \circ f$ によって，x に u が対応する．

結局，合成関数 $h \circ (g \circ f)$ と $(h \circ g) \circ f$ とは同じものであることがわかる．つまり結合律

$$h \circ (g \circ f) = (h \circ g) \circ f$$

は，つねに成り立つ．

だから，3つの関数の合成の場合は，かっこを略して

$$h \circ g \circ f$$

と書いてもさしつかえない．このことは，4つ以上の関数の合成の場合も同じ．ただし，交換律は成り立たないのだから，関数の順序をかってにかえてはならない．

▨ 関 数 と 式 ▨

関数が式で表わされているときは，合成関数も式で表わされ，それは式の計算によって求められる．

たとえば

$$f(x) = 3x + 5$$
$$g(x) = 2x - 6$$

とすると，f に g を合成した関数は

$$gf(x) = g(f(x)) = 2f(x) - 6$$
$$= 2(3x + 5) - 6 = 6x + 4$$

また，g に f を合成したものは

$$fg(x) = f(g(x)) = 3g(x) + 5$$
$$= 3(2x - 6) + 5 = 6x - 13$$

関数のうちで，とくに，各元にそれ自身を対応させる関数を**恒等関数**ということがある．これを e で表わすと

$$x \xrightarrow{e} x \qquad e(x) = x$$

となる．

しかし，くわしくみると恒等関数は定義域によって異なるから，集合Aによって定まる恒等関数は e_A，集合Bによって定まる恒等関数は e_B のように区別すべきものである．

f がAからBへの関数の場合には，恒等関数として e_A, e_B が考えられ，合成に関して次の等式が成り立つ．

$$fe_A = f, \qquad e_B f = f$$

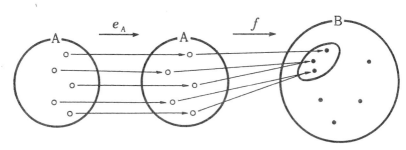

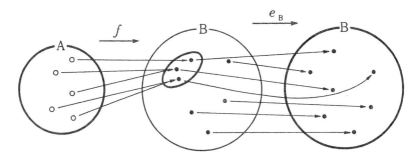

f に e_A を合成することと，e_B に f を合成することは，一般には考えられないから $e_A f = f$, $f e_B = f$ は成り立つとは限らない．

とくに集合 A と B が等しいときは e_A と e_B は等しいから，この恒等関数を e とすると

$$fe=ef=f$$

となる．

▨ はじめの問題にもどって ▨

ここらで，はじめにあげた問題にもどることにしよう．

$$f(x)=\frac{1}{x}, \qquad g(x)=1-x$$

「この $f(x)$, $g(x)$ の双方に対して，x に $f(x)$, $g(x)$ を代入して合成関数を作る」——落ちついて読まないとハッキリしない．要するに

$\qquad f(x)$ の x に $f(x)$, $g(x)$ を代入

$\qquad g(x)$ の x にも $f(x)$, $g(x)$ を代入

ということで，合成関数の記号で書けば

$$ff, fg; \quad gf, gg$$

を求めることである．

「その合成関数のそれぞれに対して，x に再び $f(x)$, $g(x)$ を代入し」とあるから

$$fff, ffg; \quad fgf, fgg;$$
$$gff, gfg; \quad ggf, ggg$$

を求めることになる．これをくり返していけばよい．

$$ff: f(f(x))=\frac{1}{f(x)}=\frac{1}{\dfrac{1}{x}}=x$$

$$fg: f(g(x))=\frac{1}{g(x)}=\frac{1}{1-x}$$

$$gf: g(f(x)) = 1 - f(x) = 1 - \frac{1}{x} = \frac{x-1}{x}$$

$$gg: g(g(x)) = 1 - g(x) = 1 - (1-x) = x$$

x は恒等関数だから $e(x)$ で表わすと $ff=gg=e$ だから,

$$fff = ef = f \qquad ffg = eg = g$$

$$ggf = ef = f \qquad ggg = eg = g$$

次に

$$fgf: fg(f(x)) = \frac{1}{1-f(x)} = \frac{x}{x-1}$$

$$fgg = fe = f \qquad gff = ge = g$$

$$gfg: gf(g(x)) = \frac{g(x)-1}{g(x)} = \frac{x}{x-1}$$

$fgg=f, gff=g$ だから，これをさらに f, g に合成しても，以上の
ほかの関数にはならない．したがって残りの fgf と gfg を f, g に合
成すればよい．しかし上の結果をみると

$$fgf = gfg$$

だから，実際には，一方について考えれば十分.

$$fgff = fge = fg$$

また $$fgf(g(x)) = \frac{g(x)}{g(x)-1} = \frac{x-1}{x}$$

から $$fgfg = gf$$

いずれも，途中の関数にもどったから，これらを f, g に合成しても，
もはや新しい関数はえられない.

結局，現われる関数は

$$x, \quad \frac{1}{x}, \quad 1-x, \quad \frac{x}{x-1}, \quad \frac{1}{1-x}, \quad \frac{x-1}{x}$$

の 6 つに限られる.

──── **例2** ────────────────────────────────

次の□□にあてはまる数は何か.

6個の関数

$$f_1(x)=x, \quad f_2(x)=\frac{1}{x}, \quad f_3(x)=1-x$$

$$f_4(x)=\frac{1}{1-x}, \quad f_5(x)=\frac{x}{x-1}, \quad f_6(x)=\frac{x-1}{x}$$

が与えられている. このとき

(1) $f_5(x)$ の逆関数は $f_a(x)$ で, $a=$□ である.

(2) $f_6(x)$ の逆関数は $f_b(x)$ で, $b=$□ である.

(3) $f_5(x)$ の x のところに $f_c(x)$ を代入して $f_3(x)$ となるならば, $c=$□ である.

(4) $f_d(x)$ の x のところに $f_6(x)$ を代入して, $f_4(x)$ となるなら ば, $d=$□ である. 　　　　　　　　　　　　　（東　大）

──

　逆関数と合成関数のことがわかっておれば, わけのない問題である. 逆関数についての知識を補うことにしよう.

　逆関数も, 式の変形を離れ, 対応にもどるほうが, 本質をつかみやすい.

　AからBへの関数 f があれば, Bの元 y に対して, その原像 x を対応させることができる. この対応を f の**逆対応**といい f^{-1} によって表わす.

　逆対応 f^{-1} は, 一般には一意対応でないから関数になるとは限らない.

　次の図でみると(i)では, Bの元のなかに, それに対応するAの元のないものがある.

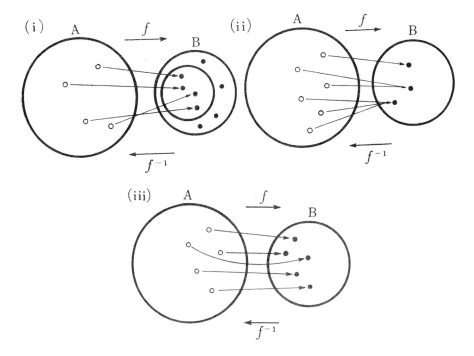

　(ii)では，Bのどの元にも，それに対応するAの元があるが，Bの元によっては，Aの元が2つ以上対応する．したがって，(i), (ii)における f^{-1} は関数の条件をみたしていない．

　これに対して，(iii)では，Bのどの元にも，それに対応するAの元があって，しかも，その元は1つであるから，f^{-1} は一意対応になり

　　　　　BからAへの関数 f^{-1}

が定まる．

　この関数 f^{-1} を f の**逆関数**という．

　f によって，Aの元 x にBの元 y が対応したとすると，f^{-1} によってBの元 y にはAの元 x が対応する．

$$x \xrightarrow{\ f\ } y \qquad y \xrightarrow{\ f^{-1}\ } x$$

したがって, f に f^{-1} を合成すれば

$$x \longrightarrow x$$

となって, 恒等関数になる. この恒等関数はくわしくは集合A上の恒等関数だから e_A で表わすと

$$f^{-1}f = e_A$$

同様にして, f^{-1} に f を合成しても

$$y \longrightarrow y$$

となって集合B上の恒等関数がえられるから, これを e_B で表わすと

$$ff^{-1} = e_B$$

以上の予備知識をもって, もとの問題にたちもどってみる.

(1) 関数が式で与えられているときは, 式の変形によって逆関数が求められる.

$$x \xrightarrow{f_5} y$$

とすると

$$y = f_5(x)$$

$$y = \frac{x}{x-1} \qquad (x \neq 1)$$

これを x について解けば

$$x = \frac{y}{y-1} \qquad (y \neq 1)$$

これは y に対応する元 x を求める式だから, 実数の集合から1を除いておくならば f_5 の逆関数 f_5^{-1} を与える. すなわち

$$f_5^{-1}(y) = \frac{y}{y-1}$$

y を x にかえても，関数としては同じだから

$$f_5^{-1}(x)=\frac{x}{x-1} \qquad (x \neq 1)$$

したがって

$$f_5^{-1}=f_5 \qquad \therefore \quad a=5$$

(2) 同様にして

$$y=f_6(x) \text{ から} \quad y=\frac{x-1}{x} \qquad (x \neq 0)$$

$$x=\frac{1}{1-y} \qquad (y \neq 1)$$

よって実数から 0 と 1 を除いておけば f_6^{-1} が定まり，しかも，これは f_4 に等しい．

$$f_6^{-1}(x)=\frac{1}{1-x}=f_4(x)$$

$$f_6^{-1}=f_4 \qquad \therefore \quad b=4$$

(3) 合成関数としてみると

$$f_5 f_c = f_3$$

となる f_c を求めればよい．

f_5 の逆関数 f_5^{-1} を，両辺の左側からかけてみよ．

$$f_5^{-1}f_5 f_c = f_5^{-1}f_3$$

ところが恒等関数を e とすると $f_5^{-1}f_5=e$ だから，左辺は $e f_c=f_c$，また $f_5^{-1}=f_5$ であったから右辺は $f_5 f_3$ に等しい．したがって

$$f_c = f_5 f_3$$

右辺の関数を求めてみると

$$f_5 f_3(x)=f_5(f_3(x))=\frac{f_3(x)}{f_3(x)-1}$$

$$= \frac{1-x}{(1-x)-1} = \frac{x-1}{x} = f_6(x)$$

そこで　　$f_5 f_3 = f_6$

$$\therefore f_c = f_6 \qquad c = 6$$

(4) 合成関数の記号で書くと

$$f_d f_6 = f_4$$

両辺の右側から f_6^{-1} をかけると

$$f_d f_6 f_6^{-1} = f_4 f_6^{-1}$$

$f_6 f_6^{-1} = e,\ f_6^{-1} = f_4$ だから

$$f_d e = f_4 f_4$$

$$f_d = f_4 f_4$$

右辺の関数を求めると

$$f_4 f_4(x) = f_4(f_4(x)) = \frac{1}{1 - f_4(x)}$$

$$= \frac{1}{1 - \dfrac{1}{1-x}} = \frac{x-1}{x} = f_6(x)$$

そこで　$f_4 f_4 = f_6$

$$\therefore f_d = f_6 \qquad d = 6$$

◎ 練 習 問 題 (4) ◎

23.　$f(x) = 2 - x$, $g(x) = 3 - x$ のとき，次の関数を求めよ．

(1) $fg(x)$ 　　(2) $gf(x)$ 　　(3) $f^{-1}(x)$ 　　(4) $fgf(x)$

24.　次の関数には逆関数があるか．あるならばそれを求めよ．

$$f(x) = \frac{1}{2}\left(x - \frac{1}{x}\right) \qquad (x > 0)$$

25. 次の関数には逆関数があるか. あるならばそれを求めよ. ない
ときは, 適当な区間を選んで, 逆関数を作れ. ただし x は任意の実
数とする.

(1) $f(x) = \dfrac{2^x - 2^{-x}}{2}$ 　　　 (2) $g(x) = \dfrac{2^x - 2^{-x}}{2^x + 2^{-x}}$

26. a, b, c, d, x は実数で, 関数

$$f(x) = \frac{ax + b}{cx + d} \quad (ad - bc \neq 0)$$

は, 次の条件をみたすとき, a, b, c, d にはそれぞれどんな関係があ
るか.

(1) $ff = e$, $f \neq e$ 　　　(e は恒等関数)

(2) $fff = e$, $ff \neq e$

27. 次の関数 (1), (2) を, 簡単な形の式

$$x + k, \quad kx, \quad \frac{1}{x}, \quad x^2$$

で表わされた関数の合成で表わせ.

(1) $f(x) = ax^2 + bx + c$

(2) $g(x) = \dfrac{ax + b}{cx + d}$ 　　$(c \neq 0, \ ad - bc \neq 0)$

5. 凸多角形のベクトル表示

▨ 凸図形とは？ ▨

次の入試問題を取り挙げてみる.

――― 例 ―――――――――――――――――――――――――――

平面上に 4 定点 A, B, C, D がある. 4 数 $\alpha, \beta, \gamma, \delta$ が

$$\alpha, \beta, \gamma, \delta \geqq 0, \quad \alpha + \beta + \gamma + \delta = 1$$

をみたすとき,

$$\overrightarrow{\mathrm{OP}} = \alpha \overrightarrow{\mathrm{OA}} + \beta \overrightarrow{\mathrm{OB}} + \gamma \overrightarrow{\mathrm{OC}} + \delta \overrightarrow{\mathrm{OD}}$$

となる点Pは, どのような図形上にあるか. ただしOは原点である.

(名 大)

――――――――――――――――――――――――――――――

　求める図形が凸四角形になることは, あとで明らかにすることにして, 凸図形の定義の検討から話をはじめよう.

　多角形の凹凸は, その内角の大きさで見分けられる. すべての内角が 2 直角以下ならば, 凸多角形で, 内角に 2 直角より大きいものが 1 つでもあれば凹多角形である.

　この定義は, 多角形には都合がよいが, 一般の図形にあてはめるわけにはいかない.

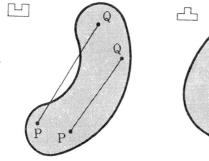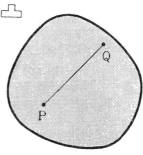

凸図形の気になる年頃.

　曲線でかこまれた一般の図形では，図形上（周を含める）の任意の2点を P, Q としたとき，線分 PQ 上の点がすべて，その図形上にあるならば**凸図形**または**凸領域**という.

　したがって，凹図形の場合は，一部分が図形外に出るような線分 PQ が存在するわけである.

　この定義は多角形の凹凸にもあてはまり，また立体図形にもあてはまる．さらに，n 次元の図形に拡張することも容易である.

　例題の図形がどんな凸図形かは，あとで明らかにすることにして，ここでは，とにかく凸図形であることを示そう.

$$\overrightarrow{\mathrm{OA}}=\boldsymbol{a}, \quad \overrightarrow{\mathrm{OB}}=\boldsymbol{b}, \quad \overrightarrow{\mathrm{OC}}=\boldsymbol{c}, \quad \overrightarrow{\mathrm{OD}}=\boldsymbol{d}$$

さらに $\overrightarrow{\mathrm{OP}}=\boldsymbol{x}$ とおいてみる.

この図形上の任意の2点を P($\boldsymbol{x}$), Q($\boldsymbol{x'}$) とし

$$\boldsymbol{x}=\alpha\boldsymbol{a}+\beta\boldsymbol{b}+\gamma\boldsymbol{c}+\delta\boldsymbol{d} \qquad\qquad ①$$

$$\boldsymbol{x'}=\alpha'\boldsymbol{a}+\beta'\boldsymbol{b}+\gamma'\boldsymbol{c}+\delta'\boldsymbol{d} \qquad\qquad ②$$

$$\alpha, \beta, \gamma, \delta \geqq 0, \quad \alpha+\beta+\gamma+\delta=1$$

$$\alpha', \beta', \gamma', \delta' \geqq 0, \quad \alpha'+\beta'+\gamma'+\delta'=1$$

とおいてみよ.

そうすれば, 線分 PQ 上の任意の点 R の座標 $\boldsymbol{y}$ は

$$\boldsymbol{y}=m\boldsymbol{x}+n\boldsymbol{x'} \qquad\qquad ③$$

$$m, n \geqq 0, \quad m+n=1$$

と表わされる.

①, ②を③に代入すると

$$\boldsymbol{y}=(m\alpha+n\alpha')\boldsymbol{a}+(m\beta+n\beta')\boldsymbol{b}$$
$$+(m\gamma+n\gamma')\boldsymbol{c}+(m\delta+n\delta')\boldsymbol{d}$$

この式で $m\alpha+n\alpha', m\beta+n\beta', \cdots\cdots$ は**非負**(正または0のこと)で, しかも, これらの和は

$$\sum(m\alpha+n\alpha')=m\sum\alpha+n\sum\alpha'=m+n=1$$

明らかに, 点 R もまた図形上にある. したがって線分 PQ 上の点はすべて図形上にあるから, 凸図形である.

凸図形は, 点集合とみて, **凸集合**ともいう. この集合に属する点を, 図形上(周を含めておく)の点と呼ぶことにしよう.

▨ 三　角　形 ▨

1つの点は凸図形のうち最も簡単なものである．1つの線分も凸図形とみられる．2点 A($\boldsymbol{a}$), B($\boldsymbol{b}$) を結ぶ線分上の点を P($\boldsymbol{x}$) とすれば，

$$\boldsymbol{x}=\alpha\boldsymbol{a}+\beta\boldsymbol{b} \tag{①}$$

$$\alpha, \beta \geqq 0, \quad \alpha+\beta=1$$

となることは，高校で習ったはず．

線分 AB 上の任意の点を P とすると，

$$\overrightarrow{\mathrm{BP}}=\alpha\,\overrightarrow{\mathrm{BA}}$$

$$0\leqq\alpha\leqq1$$

したがって，

$$\boldsymbol{x}-\boldsymbol{b}=\alpha(\boldsymbol{a}-\boldsymbol{b})$$

$$\boldsymbol{x}=\alpha\boldsymbol{a}+(1-\alpha)\boldsymbol{b}$$

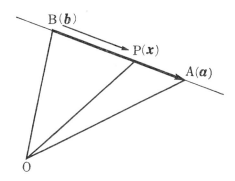

ここで $1-\alpha=\beta$ とおくと，①がえられる．

次に3点 A($\boldsymbol{a}$), B($\boldsymbol{b}$), C($\boldsymbol{c}$) を頂点とする三角形についてみよう．

この三角形上（周を含める）の任意の点を P($\boldsymbol{x}$) とする．PがCと一致しないときは，CP の延長は線分 AB と交わるから，その点を Q($\boldsymbol{y}$) としてみよ．

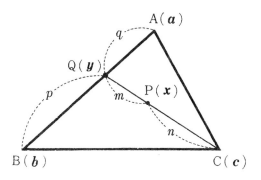

Pは線分 CQ 上にあるから,

$$x = mc + ny$$ ②

$$m, n \geqq 0, \quad m+n=1$$

Qは線分 AB 上にあるから

$$y = pa + qb$$ ③

$$p, q \geqq 0, \quad p+q=1$$

②, ③から y を消去すると,

$$x = npa + nqb + mc$$

ここで $np = \alpha,\ nq = \beta,\ m = \gamma$ とおくと, 明らかに α, β, γ は非負で, しかも, それらの和は1に等しい.

$$\alpha + \beta + \gamma = np + nq + m$$
$$= n(p+q) + m$$
$$= n + m = 1$$

なお, PがCと一致するときは

$$x = 0a + 0b + 1c$$

結局, △ABC 上の任意の点の座標は

$$\begin{cases} x = \alpha a + \beta b + \gamma c \\ \alpha, \beta, \gamma \geqq 0, \quad \alpha + \beta + \gamma = 1 \end{cases}$$ ④

で表わされることがわかった.

逆に, この式で表わされる点 P($\boldsymbol{x}$) は, △ABC 上にあるだろうか. これは確かめてみないことには, 断言できない. この証明にはチョットしたくふうが必要.

④を書きかえると,

$$\boldsymbol{x} = (\alpha + \beta)\frac{\alpha\boldsymbol{a} + \beta\boldsymbol{b}}{\alpha + \beta} + \gamma\boldsymbol{c}$$

この書きかえは, $\alpha + \beta = 0$ のときはできないから, この場合はあとで, 別に調べなければならない. ここで

$$\frac{\alpha\boldsymbol{a} + \beta\boldsymbol{b}}{\alpha + \beta} = \boldsymbol{y} \qquad\qquad ⑤$$

とおくと,

$$\boldsymbol{x} = (\alpha + \beta)\boldsymbol{y} + \gamma\boldsymbol{c} \qquad\qquad ⑥$$

⑤で α, β は非負だから, $\boldsymbol{y}$ を座標にもつ点をQとすると, Qは線分AB上にある.

また⑥で, $\alpha + \beta, \gamma$ は非負で, しかも, それらの和は1だから, 点Pは線分CQ上にある.

以上からPは △ABC 上にあることが明らかにされた.

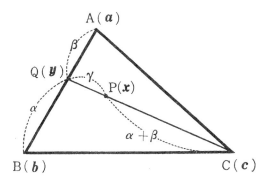

とくに $\alpha+\beta=0$ のときは

$$\alpha=\beta=0, \quad \gamma=1$$

したがって $\boldsymbol{x}=\boldsymbol{c}$ となるから，Pは点Cと一致するので，△ABC 上にあることにかわりはない．

この図で，

Qは AB を $\beta:\alpha$ に分け

Pは CQ を $\alpha+\beta:\gamma$ に分ける

ことに注意してほしい．

以上では，三点 A, B, C が三角形を作る場合を考えたが，三角形がつぶれて，線分になる場合も考えておくのがよい．

たとえば，Cが線分 AB 上にある場合をみると，

$$\boldsymbol{x}=\alpha\boldsymbol{a}+\beta\boldsymbol{b}$$

$$\alpha, \beta\geqq 0, \quad \alpha+\beta=1$$

だから，0を γ とおくと，④は成り立つ．

逆に④が成り立つときはどうか．Cが線分 AB 上にあったとすると，

$$\boldsymbol{c}=m\boldsymbol{a}+n\boldsymbol{b}$$

$$m, n\geqq 0, \quad m+n=1$$

とおける．これを④に代入すると，

$$\boldsymbol{x}=(\alpha+m\gamma)\boldsymbol{a}+(\beta+n\gamma)\boldsymbol{b}$$

この式で，$\alpha+m\gamma$, $\beta+n\gamma$ は非負で，しかも和を計算してみると1になるから，点Pは線分 AB 上にある．

結局，次のことが確かめられたわけである．

平面上の3点 A($\boldsymbol{a}$), B($\boldsymbol{b}$), C($\boldsymbol{c}$) の作る凸図形 (三角形 または線分) 上 (周を含める) の点 P($\boldsymbol{x}$) は, 次の式で表わされる.

$$\boldsymbol{x} = \alpha\boldsymbol{a} + \beta\boldsymbol{b} + \gamma\boldsymbol{c}$$

$$\alpha, \beta, \gamma \geqq 0, \quad \alpha + \beta + \gamma = 1$$

▨ 凸 四 角 形 ▨

以上の考えを四角形の場合に拡張すればどうなるかは, およそ見当がつくだろう.

平面上の4点 A($\boldsymbol{a}$), B($\boldsymbol{b}$), C($\boldsymbol{c}$), D($\boldsymbol{d}$) を頂点とする凸四角形内の任意の点を P($\boldsymbol{x}$) としてみよう.

PがDと一致しないとすると, 半直線 DP は必ず △ABC 上を通る. そこで, 通過する点の1つを Q($\boldsymbol{y}$) としてみる.

Pは線分 DQ 上にあるから,

$$\boldsymbol{x} = m\boldsymbol{y} + n\boldsymbol{d}$$

$$m, n \geqq 0, \quad m + n = 1$$

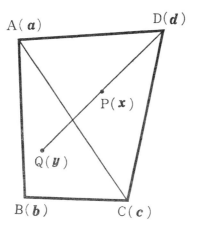

と表わされる.

また点Qは △ABC 上にあるから

$$y = pa + qb + rc$$

$$p, q, r \geqq 0, \quad p+q+r=1$$

と表わされる.

以上の2式から y を消去してみると,

$$x = mpa + mqb + mrc + nd$$

ここで, $mp=\alpha, mq=\beta, mr=\gamma, n=\delta$ とおくと, 明らかに, これらの4つの数は非負で, しかも, 和は1に等しい.

すなわち

$$\begin{cases} x = \alpha a + \beta b + \gamma c + \delta d & \text{①} \\ \alpha, \beta, \gamma, \delta \geqq 0, \quad \alpha + \beta + \gamma + \delta = 1 \end{cases}$$

逆に①をみたす x を座標にもつ点Pが, 凸四角形 ABCD 上にあることは, 三角形の場合と同様の方法で証明される.

$\alpha + \beta + \gamma \geqq 0$ のとき,

$$y = (\alpha + \beta + \gamma)\frac{\alpha a + \beta b + \gamma c}{\alpha + \beta + \gamma} + \delta d$$

と書きかえ,

$$\frac{\alpha a + \beta b + \gamma c}{\alpha + \beta + \gamma} = y$$

とおいてみよ. y を座標にもつ点Qは △ABC 上にある. 一方,

$$x = (\alpha + \beta + \gamma)y + \delta d$$

だから, 点Pは線分 DQ 上にあり, 結局Pは凸四角形 ABCD 上にあることが証明される.

$\alpha+\beta+\gamma=0$ のときは

$$\alpha=\beta=\gamma=0,\quad \delta=1$$

だから $x=d$ となって，PはDに一致する．

▨ 4点が任意の点ならば ▨

4点 A, B, C, D が凸四角形 ABCD を作らないときはどうなるだろう．

はじめに，A, B, C が三角形を作るときを考えよう．Dの位置は，次のように3通り考えられる．

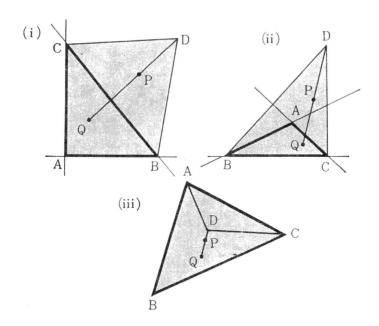

(i) Dが △ABC の外で，内角A内にあるとき．

(ii) Dが △ABC の外で，内角Aの対頂角内または辺上にあるとき．

(iii) Dが △ABC 上にあるとき．

　これらのいずれの場合をみても，さきの証明はそのまま成り立つ．
そしてQが△ABC上を運動すれば，線分 DQ の運動する範囲，すな
わちPの運動する範囲は

　(i)では凸四角形 ABCD 上

　(ii)では三角形 DBC 上

　(iii)では三角形 ABC 上

となるだろう．

　これは要するに，Pは4点 A, B, C, D の作る凸図形上にあるとまと
められる．

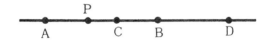

　4点が1直線上にある場合にも①は成り立ち，上の図の場合ならば，
Pは線分 AD 上にあることになるのだが，その証明は簡単であるから
省略しよう．

▨ 凸 n 角形への拡張 ▨

　以上の考えを一般化し，平面上の n 個の点

$$A_1(\boldsymbol{a}_1),\ A_2(\boldsymbol{a}_2),\ \cdots\cdots,\ A_n(\boldsymbol{a}_n)$$

に拡張することはたやすい．

　これらの n 個の点の作る凸図形上の点 $P(\boldsymbol{x})$ は，次の式で与えられ
る．

$$\begin{cases} \boldsymbol{x}=\alpha_1\boldsymbol{a}_1+\alpha_2\boldsymbol{a}_2+\cdots\cdots+\alpha_n\boldsymbol{a}_n \\ \alpha_1,\ \alpha_2,\ \cdots\cdots,\ \alpha_n\geqq 0,\quad \alpha_1+\alpha_2+\cdots\cdots+\alpha_n=1 \end{cases}$$

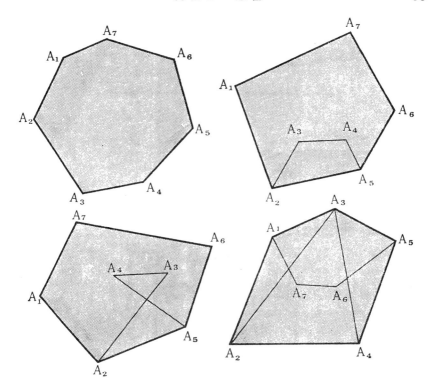

表現の一意性

あい異なる2点を A($\boldsymbol{a}$), B($\boldsymbol{b}$) とすると，直線 AB 上の点 P($\boldsymbol{x}$) は

$$\boldsymbol{x} = \alpha\boldsymbol{a} + \beta\boldsymbol{b} \quad (\alpha + \beta = 1)$$

で表わされ，とくにPが線分 AB 上にあるときは，条件 $\alpha, \beta \geqq 0$ が追加された.

この表わし方が，点Pに対応してただ1通り定まること，すなわち**一意的に定まる**ことは，説明するまでもなかろう.

1直線上の3点を A($\boldsymbol{a}$), B($\boldsymbol{b}$), C($\boldsymbol{c}$) とすれば，この線上の点 P($\boldsymbol{x}$) も，

$$x = \alpha a + \beta b + \gamma c$$

と表わされるが，この表わし方はＰを定めても無数にある．

たとえば上の図のときは

$$x = \frac{1}{2}a + 0\ b + \frac{1}{2}c$$

$$x = \frac{2}{3}a + \frac{1}{3}b + 0\ c$$

がたやすく導かれよう．またこれらの平均をとり

$$x = \frac{7}{12}a + \frac{1}{6}b + \frac{1}{4}c$$

このほかに，いろいろの表わし方がある．

次に3点 $A(a)$, $B(b)$, $C(c)$ が三角形を作るときを考えると，平面上の任意の点 $P(x)$ は

$$x = \alpha a + \beta b + \gamma c \quad (\alpha + \beta + \gamma = 1)$$

で表わされ，とくにＰが三角形上にあるときは，条件 $\alpha, \beta, \gamma \geqq 0$ が追加された．

この表わし方は，Ｐに対応してただ1通りであることを示そう．

上の表わし方のほかに表わし方

$$x = \alpha' a + \beta' b + \gamma' c \quad (\alpha' + \beta' + \gamma' = 1)$$

があったとすると，

$$\alpha a + \beta b + \gamma c = \alpha' a + \beta' b + \gamma' c$$

これに $\gamma = 1 - \alpha - \beta$, $\gamma' = 1 - \alpha' - \beta'$ を代入してから変形すれば，

$$\alpha(\boldsymbol{a}-\boldsymbol{c})+\beta(\boldsymbol{b}-\boldsymbol{c})=\alpha'(\boldsymbol{a}-\boldsymbol{c})+\beta'(\boldsymbol{b}-\boldsymbol{c})$$

ところが $\boldsymbol{a}-\boldsymbol{c}=\overrightarrow{\mathrm{CA}}$ と $\boldsymbol{b}-\boldsymbol{c}=\overrightarrow{\mathrm{CB}}$ とは, ゼロベクトルでなく, 平行でもないから, **1次独立**である. したがって上の式が成り立つためには,

$$\alpha=\alpha', \quad \beta=\beta'$$

結局 $\boldsymbol{x}$ の表わし方は, 1 通りに限る.

以上のような見方を 4 点 A($\boldsymbol{a}$), B($\boldsymbol{b}$), C($\boldsymbol{c}$), D($\boldsymbol{d}$) に試みるとどうなるだろうか. 平面上の任意の点 P($\boldsymbol{x}$) に対して, $\boldsymbol{x}$ の表わし方

$$\begin{cases} \boldsymbol{x}=\alpha\boldsymbol{a}+\beta\boldsymbol{b}+\gamma\boldsymbol{c}+\delta\boldsymbol{d} & \text{①} \\ \alpha+\beta+\gamma+\delta=1 \end{cases}$$

は無数に存在する.

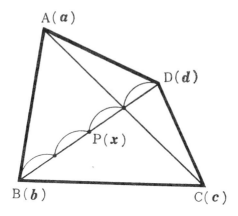

たとえば, 上の図でPが △ABC の重心で, BD の中点であったとすると,

$$\boldsymbol{x}=\frac{1}{3}\boldsymbol{a}+\frac{1}{3}\boldsymbol{b}+\frac{1}{3}\boldsymbol{c}+0\cdot\boldsymbol{d}$$

$$\boldsymbol{x}=0\,\boldsymbol{a}+\frac{1}{2}\boldsymbol{b}+0\boldsymbol{c}+\frac{1}{2}\boldsymbol{d}$$

と表わされることはあきらか. 平均をとることによって

$$x = \frac{1}{6}a + \frac{5}{12}b + \frac{1}{6}c + \frac{1}{4}d$$

のような表わし方もえられる.

　4点 A, B, C, D が4面体 ABCD を作るときは, 空間の任意の点は, ①で表わされ, しかも, その表わし方はただ1通り定まる. その証明は読者におまかせしよう.

　以上から, 一般に n 次元のベクトル空間のとき, どうなるかは, 予想がつくだろう. 表現の一意性とベクトルの1次独立の間には深い関係がある. 1次元, 2次元, 3次元の具体例で調べ, それをもとにして, n 次元の場合へ拡張, 発展させることは, 数学の学び方としてたいせつである.

　逆に n 次元で学んだ概念や法則は, 1次元や2次元によって確かめてみることも, それらの知識を視覚的モデルとしてとらえ, 実感のともなったものとするためにたいせつである.

▨ 開いた凸図形 ▨

　以上で取扱った凸図形は閉じていたが, 開いた場合へ拡張することもできる.

　2次元でみると, 開いた凸図形には, 次のようなものがある. どの図形の場合にも, その上の2点を P,Q とすると, 線分 PQ はその図形内にあるから凸図形の定義をみたしている.

　もちろん, 開いた凸図形は1次元にもあって, それは半直線である.

　さて, それでは, 開いた凸図形内の点はどんな式で表わされるだろうか. 2次元の場合を (i)→(ii) の順序に検討してみよう.

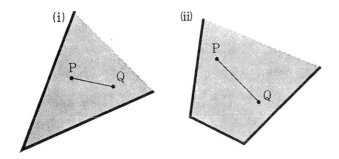

(i)の場合

この場合の凸図形は，角の頂点Oからひいた２つのベクトル a, b に
よって定まる．そこで，Oを原点にとった位置ベクトルで考えてみる．

この凸図形内の任意の点を $P(x)$ とする．Pを通る直線で，半直線
OX, OY と交わるものは無数にある．その中の１つが半直線 OX, OY
と交わる点を，それぞれ $Q(y)$, $R(z)$ としてみると，Pは線分 QR 上
にあるから，x は

$$x = \alpha y + \beta z \qquad (\alpha, \beta \geqq 0,\ \alpha + \beta = 1)$$

と表わされる．

一方 Q, R はそれぞれ半直線 OX, OY 上にあるから

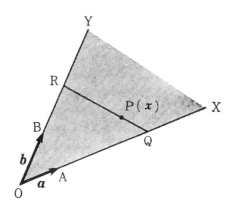

$$y = p\boldsymbol{a}, \quad z = q\boldsymbol{b} \qquad (p, q \geqq 0)$$

これらを先の式に代入すると

$$\boldsymbol{x} = p\alpha\boldsymbol{a} + q\beta\boldsymbol{b} \qquad (\alpha, \beta, p, q \geqq 0, \ \alpha + \beta = 1) \qquad \text{①}$$

これが，求める式である．

Pを定めても，QR のひき方は定まらないから，p, q, α, β のとり方は無数にある．したがって，①の表わし方は，$\boldsymbol{x}$ に対応して一意には定まらない．（ただし $p\alpha, q\beta$ の値の組は一意に定まる）

とくに，線分 QR を AB に平行にひくことに制限すれば p と q は等しいから $p = q = k$ とおくならば，①は

$$\boldsymbol{x} = k(\alpha\boldsymbol{a} + \beta\boldsymbol{b}) \qquad (k, \alpha, \beta \geqq 0, \ \alpha + \beta = 1) \qquad \text{②}$$

となり，$\boldsymbol{x}$ に対応して，この表わし方は一意に定まる．

(ii)の場合

AX と BY が交わる場合と平行な場合とが考えられる．ここでは交わる場合を考えてみる．

AX と BY の交点をOとし，Oを原点にとったときの A, B の位置ベクトルをそれぞれ $\boldsymbol{a}, \boldsymbol{b}$ としてみる．

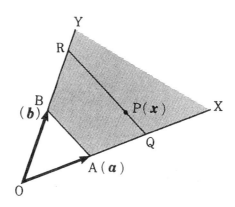

この図で(i)と同じ凸図形を考えれば，その上の任意の点 P(x) は②で表わされた．②で，k の範囲を 1 以上に制限すれば，不要な部分が除かれて，ここで考えている凸図形になる．したがって求める式は

$$x = k(\alpha a + \beta b) \qquad (k \geqq 1,\ \alpha, \beta \geqq 0,\ \alpha + \beta = 1)$$

で，x に対して，この表わし方は一意に定まる．

AX と BY が平行な場合はどうなるだろうか．

原点Oを AX と BY の交点にとろうとするから，AX と BY が平行の場合に困るのである．原点Oの位置を AX, BY に無関係に定めることにすれば，平行かどうかは問題にならない．

A, B の位置ベクトルを x_1, x_2 とし，半直線 AX, BY 上にあるベクトルをそれぞれ a, b としよう．ただし，a, b は CD∥AB となるように選んでおく．

凸図形内の任意の点 P(x) を通って AB に平行線をひき，半直線 AX, BY との交点をそれぞれ Q(y), R(z) とすると

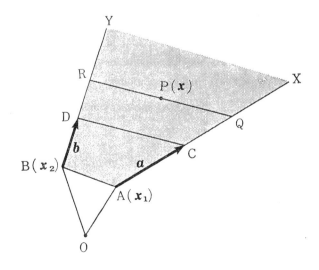

$$\boldsymbol{x}=\alpha\boldsymbol{y}+\beta\boldsymbol{z} \qquad (\alpha,\beta\geqq0,\ \alpha+\beta=1)$$

ところが

$$\boldsymbol{y}=\overrightarrow{OQ}=\overrightarrow{OA}+\overrightarrow{AQ}=\boldsymbol{x}_1+k\boldsymbol{a} \qquad (k\geqq0)$$

$$\boldsymbol{z}=\overrightarrow{OR}=\overrightarrow{OB}+\overrightarrow{BR}=\boldsymbol{x}_2+k\boldsymbol{b} \qquad (k\geqq0)$$

これらを，先の式に代入して

$$\boldsymbol{x}=\alpha(\boldsymbol{x}_1+k\boldsymbol{a})+\beta(\boldsymbol{x}_2+k\boldsymbol{b}) \qquad (k,\alpha,\beta\geqq0,\ \alpha+\beta=1)$$

この表わし方は，$\boldsymbol{x}$ に対応して一意に定まり，しかも AX と BY が平行のときも用いられる．

◉ 練 習 問 題 (5) ◉

28.　以下は平面内の問題である．O, A, B, C は定点で，A, B, C は 1 直線上にないものとする．

(1)　点 P が直線 AB 上にあるための必要十分条件は

$$\overrightarrow{OP}=a\overrightarrow{OA}+b\overrightarrow{OB},\quad a+b=1 \quad (a,b は実数)$$

とかけることである．これを証明せよ．

(2)　次の条件をみたす実数 p, q, r は $p=0,\ q=0,\ r=0$ 以外にないことを示せ．

$$\begin{cases} p\overrightarrow{OA}+q\overrightarrow{OB}+r\overrightarrow{OC}=\boldsymbol{0} \quad (零ベクトル) \\ p+q+r=0 \end{cases}$$

(3)　Q がこの平面上の点であって，$\overrightarrow{AQ}=x\overrightarrow{AB}+y\overrightarrow{AC}$ (x, y は実数)であるとき

$$\begin{cases} \overrightarrow{OQ}=l\,\overrightarrow{OA}+m\,\overrightarrow{OB}+n\,\overrightarrow{OC} \\ l+m+n=1 \end{cases}$$

をみたす実数 l, m, n は必ず存在し，しかも，おのおのの値はただ1つに定まることを証明せよ．

29. Oを原点とする平面上で，1直線上にない3つの定点を A($\boldsymbol{a}$)，B($\boldsymbol{b}$), C($\boldsymbol{c}$) とすれば，この平面上の任意の点 P($\boldsymbol{x}$) に対応して

$$\boldsymbol{x}=\alpha\boldsymbol{a}+\beta\boldsymbol{b}+\gamma\boldsymbol{c} \qquad (\alpha, \beta, \gamma \text{ は実数,}\ \alpha+\beta+\gamma=1)$$

は一意に定まる．

点Pが，次の点を表わすとき，α, β, γ の値を求めよ．

(1) △ABC の重心

(2) △ABC の内心　（ただし BC$=a$, CA$=b$, AB$=c$ とする）

30. 前問で，Oを △ABC の外心にとれば，Pが垂心Hのとき $\boldsymbol{x}=\boldsymbol{a}+\boldsymbol{b}+\boldsymbol{c}$ となることを証明せよ．

31. △ABC において，直線 BC, CA, AB 上の点をそれぞれ D, E, F とする．

(1) 3つの直線 AD, BE, CF が一点で交われば

$$\frac{BD}{DC}\cdot\frac{CE}{EA}\cdot\frac{AF}{FB}=1$$

となることを証明せよ．

(2) (1)の逆も真であることを証明せよ．

32. 1直線上にない3点を A($\boldsymbol{a}$), B($\boldsymbol{b}$), C($\boldsymbol{c}$) とするとき，平行四辺形 ABCD 上（周を含める）の任意の点を P($\boldsymbol{x}$) とすれば，$\boldsymbol{x}$ は $\boldsymbol{a}, \boldsymbol{b}, \boldsymbol{c}$ のどんな式で表わされるか．パラメータを適当に選んで表わせ．

6. 掛谷の定理

　高校の数学の問題や大学入試の問題の中には，大学の数学の定理や問題を特殊化することによってやさしくしたものがある．

　これから取り挙げようとする問題も，ある定理の特殊化である．

▨ ある問題とその証明 ▨

──── 例 ────

　x についての2次方程式

$$ax^2 + bx + c = 0$$

の根を α とする．

　$a > b > c > 0$ ならば α が実根でも虚根でも，$|\alpha| < 1$ であることを証明せよ．　　　　　　　　　　　　　　　　　　　　　　　　　　（新潟大）

────────────────────────────

　この証明から話をはじめよう．

　高校生のやりそうな証明は

$$y = ax^2 + bx + c$$

のグラフの応用である．もっとも，グラフの応用は実根に限られるから，虚根のときは別の証明をくふうしなければならない．

（解 1）

　α が虚根のとき　実係数であるから，虚根 α をもてば他の根は α の共役複素数 $\bar{\alpha}$ である．そこで根と係数の関係を用いると

$$|\alpha|^2 = \alpha\bar{\alpha} = \frac{c}{a} < 1$$

$$\therefore \quad |\alpha| < 1$$

α が実根のとき

$$f(1) = a + b + c > 0$$

$$f(-1) = (a - b) + c > 0$$

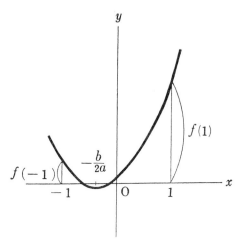

放物線 $y=ax^2+bx+c$ の軸の位置は

$$-\frac{1}{2}<-\frac{b}{2a}<0$$

グラフから，2根は−1と1の間にあることがわかるから

$$|\alpha|<1$$

（解2）

α が虚根のとき解1と同じ．

α が実根のとき背理法を用いる．

$\alpha\geqq1$ とすると

$$f(\alpha)=a\alpha^2+b\alpha+c\geqq a+b+c>0$$

$$\therefore\quad f(\alpha)\neq0$$

$\alpha\leqq-1$ とすると $|\alpha|\geqq1$

$$f(\alpha)=a|\alpha|^2-b|\alpha|+c$$

$$=|\alpha|(a|\alpha|-b)+c\geqq|\alpha|(a-b)+c>0$$

$$\therefore\quad f(\alpha)\neq0$$

いずれも $f(\alpha)=0$ に矛盾するから

$$|\alpha|<1$$

以上は大体高校生の考えそうな証明である.

次に, 多少技巧的というか, 見方によってはエレガントな, しかも, ちょっと考えつきそうもない証明を紹介しよう.

予備知識として, 複素数の絶対値についての不等式

$$|\alpha+\beta|\leqq|\alpha|+|\beta| \tag{①}$$

で, 等号の成り立つ場合を吟味しておこう.

原点, および点 α, β が1直線上にないとき, すなわち三角形を作るときは, あきらかに等号が成り立たない.

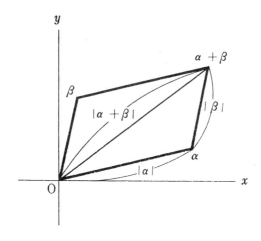

原点, 点 α, 点 β が1直線上にあるとき, 必ず等号が成り立つわけでもない.

点 α, β が原点Oに関して同側にあるとき, すなわち

$$\arg \alpha \equiv \arg \beta \qquad (\bmod 2\pi)$$

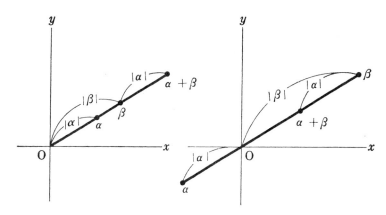

のときは等号が成り立つ.

　点 α, β が原点 O に関して反対側にあるとき, すなわち

$$\arg \alpha \equiv \arg \beta + \pi \qquad (\bmod 2\pi)$$

のときは

$$|\alpha + \beta| = ||\alpha| - |\beta|| < |\alpha| + |\beta|$$

となって等号が成り立たない.

　α, β に 0 があるときは等号が成り立つ.

　結局, 等号が成り立つ場合は

$$\text{等号成立} \begin{cases} \alpha = 0 \ \text{or} \ \beta = 0 \ \text{or} \\ \arg \alpha \equiv \arg \beta \quad (\bmod 2\pi) \end{cases}$$

とまとめられる.

　なお, ①のほかに, 不等式

$$|\alpha| - |\beta| \leqq |\alpha + \beta|$$

$$|\alpha| - |\beta| \leqq |\alpha - \beta|$$

が成り立つことを注意しておこう.

（解 3 ）

背理法による．すなわち

$$a>b>c>0, \ |\alpha|\geqq 1 \longrightarrow \quad 矛盾命題$$

を示そう．

　(i)　α が正根のとき

$$\alpha\geqq 1$$

であるから

$$f(\alpha)=a\alpha^2+b\alpha+c\geqq a+b+c>0$$

$$\therefore \ f(\alpha)\neq 0$$

　(ii)　α が負根または虚根のとき

$$f(\alpha)=a\alpha^2+b\alpha+c$$

$$\alpha f(\alpha)=a\alpha^3+b\alpha^2+c\alpha$$

第 2 式から第 1 式をひいて

$$(\alpha-1)f(\alpha)=a\alpha^3-\{(a-b)\alpha^2+(b-c)\alpha+c\} \qquad ②$$

$a-b=a', \ b-c=b'$ とおくと

$$|(\alpha-1)f(\alpha)|\geqq |a\alpha^3|-|a'\alpha^2+b'\alpha+c| \qquad ③$$

　この式で

$$|a'\alpha^2+b'\alpha+c|\leqq |a'\alpha^2|+|b'\alpha+c|$$

ここで，先の予備知識が必要になる．

$$|b'\alpha+c|\leqq |b'\alpha|+|c|$$

で等号の成り立たないことをいいたいからである．

　α が虚数であると $b'\alpha$ も虚数で，c は正の数であるから，原点，点 $b'\alpha$, 点 c が 1 直線上にないことは明らかで，等号は不成立．

α が負の数とすると $b'\alpha$ は負の数で，c は正の数だから

$$\arg b'\alpha \neq \arg c \qquad (\bmod 2\pi)$$

となって，このときも等号は不成立.

結局

$$|b'\alpha+c|<|b'\alpha|+|c|=b'|\alpha|+c$$

そこで，③から

$$|(\alpha-1)f(\alpha)|>a|\alpha|^3-\{a'|\alpha|^2+b'|\alpha|+c\}$$

ところが右辺は②の式の右辺の α を $|\alpha|$ で置きかえたものに等しいから $(|\alpha|-1)f(|\alpha|)$ に等しい.

$$\therefore \quad |(\alpha-1)f(\alpha)|>(|\alpha|-1)f(|\alpha|) \qquad\qquad ④$$

ここで

$$f(|\alpha|)=a|\alpha|^2+b|\alpha|+c$$

$$\geqq a+b+c>0$$

④の右辺は正，または 0 であるから

$$|(\alpha-1)f(\alpha)|>0$$

$$\therefore \quad f(\alpha)\neq 0$$

これは $f(\alpha)=0$ に矛盾.

▨ 証 明 の 比 較 ▨

以上くどいようであるが 3 つの証明をあげた. それには，それなりの意図があってのこと. 証明の比較を試みたかったからである.

解 1 と解 2 の証明は，2 次方程式にあてはまるが，3 次以上の方程式にはあてはまらない.

根と係数の関係を用いて

$$|\alpha|^2 = \alpha\bar{\alpha} = \frac{c}{a} < 1$$

とやるような方法は3次以上の方程式では有効でない．なぜかというに

$$|\alpha||\beta||\gamma|\cdots = |\alpha\beta\gamma\cdots| < 1$$

から，

$$|\alpha| < 1, \ |\beta| < 1, \ |\gamma| < 1, \cdots$$

は導けないからである．

　また解1ではグラフを用いたが，これは一層2次方程式特有の方法で，3次以上では効力がない．

　これに対して解3はどうであろうか．放物線や根と係数の関係に頼っていない．式の変形と不等式だけで，もしかしたら，一部分をかえるだけで，一般に n 次方程式にもあてはまる証明になるのではないかという期待がかけられる．

　定理や問題の証明では，いくつかの方法のみつかることが多い．それらの中には，一般化のたやすくできるものや，その不可能なものがある．いまかりに，前者を発展的証明，後者を非発展的証明と呼ぶことにしよう．

　この2種の証明の優劣を簡単にきめるわけにはいかない．非発展的であっても，やさしい方法ならば，教育的には捨てがたい．

　しかし，数学的にみたときは，発展的証明の価値が高いであろう．とくに，わかりやすくて，発展的であれば鬼に金棒で，一層好ましい．

　さて，それでは，解3は本当に発展的といえるだろうか．定理の拡張を行なった上で，その証明を解3を参考にして考えてみよう．

掛谷の定理の勉強ですって……お見事.

▨ 掛 谷 の 定 理 ▨

　先の入試問題は，実は一般の代数方程式についての次の定理の特殊
な場合に過ぎない.

〔**定理**〕　x についての n 次方程式

$$a_0x^n + a_1x^{n-1} + \cdots + a_{n-1}x + a_n = 0$$

の任意の根を α とすると

$$a_0 > a_1 > \cdots > a_n > 0 \ \text{ならば} \ |\alpha| < 1$$

$$a_0 \geqq a_1 \geqq \cdots \geqq a_n > 0 \text{ ならば } |\alpha| \leqq 1$$
$$0 < a_0 < a_1 < \cdots < a_n \text{ ならば } |\alpha| > 1$$
$$0 < a_0 \leqq a_1 \leqq \cdots \leqq a_n \text{ ならば } |\alpha| \geqq 1$$

　この定理は，今は故人の掛谷氏が発見したもので，掛谷の定理と呼ばれている．

　この定理の応用価値はさておき，とにかく形が美しく，意外な感じのする定理である．

　定理は4つの場合からなっているが，ここでは第1の場合，すなわち

$$a_0 > a_1 > \cdots > a_n > 0 \longrightarrow |\alpha| < 1$$

を証明してみる．

　解3の証明を参考にして，一般化をくふうする．

　背理法による．それには

$$\begin{cases} a_0 > a_1 > \cdots > a_n > 0 \\ |\alpha| \geqq 1 \end{cases} \longrightarrow \text{矛盾命題}$$

を示せばよい．$f(x) = a_0 x^n + a_1 x^{n-1} + \cdots + a_n$ とおく．

　(i)　α が正根のとき

$$\alpha \geqq 1$$

であるから

$$f(\alpha) \geqq a_0 + a_1 + \cdots + a_n > 0$$
$$\therefore f(\alpha) \neq 0$$

　(ii)　α が負根または虚根のとき

　解3のときと全く同様にして

$$(\alpha - 1) f(\alpha) = a_0 \alpha^{n+1} - \{a_0' \alpha^n + \cdots + a_{n-1}' \alpha + a_n\}$$

ここで

$$a_0' = a_0 - a_1,\ a_1' = a_1 - a_2,\ \cdots,\ a_{n-1}' = a_{n-1} - a_n$$

$$|(\alpha-1)f(\alpha)| \geqq |a_0 \alpha^{n+1}| - \{|a_0' \alpha^n| + \cdots + |a_{n-2}' \alpha^2| + |a_{n-1}\alpha + a_n|\}$$

ところが解3のときと同じ理由で

$$|a_{n-1}'\alpha + a_n| < a_{n-1}'|\alpha| + a_n$$

であるから，上の不等式から

$$|(\alpha-1)f(\alpha)| > a_0|\alpha|^{n+1} - \{a_0'|\alpha|^n + \cdots + a_{n-1}'|\alpha| + a_n\}$$

$$|(\alpha-1)f(\alpha)| > (|\alpha|-1)f(|\alpha|)$$

ところが

$$f(|\alpha|) = a_0|\alpha|^n + \cdots + a_n > 0$$

$$\therefore\ \ |(\alpha-1)f(\alpha)| > 0 \qquad \therefore\ \ f(\alpha) \neq 0$$

以上で証明された．

第2の場合

$$a_0 \geqq a_1 \geqq \cdots \geqq a_n > 0 \ \longrightarrow\ |\alpha| \leqq 1$$

は，上の証明の不等号の一部をかえて証明される．

第3，第4の場合は

$$\alpha = \frac{1}{\beta}$$

とおいて，β についての方程式を導けば，それぞれ第1，第2の場合
に帰着する．

──── 例 ────

n は2以上の整数のとき，方程式

$$nx^n = x^{n-1} + x^{n-2} + \cdots + x + 1$$

の1根は1で，残りの根の絶対値は1より小さいことを証明せよ．

（**解1**）　$f(x)=nx^n-(x^{n-1}+x^{n-2}+\cdots+x+1)$ とおくと

$$f(1)=n-n=0$$

となるから，1は $f(x)=0$ の根である.

そこで，$f(x)$ を因数分解する.

$$f(x)=x^{n-1}(x-1)+x^{n-2}(x^2-1)+\cdots+x(x^{n-1})+(x^n-1)$$

$$=(x-1)\{nx^{n-1}+(n-1)x^{n-2}+\cdots+2x+1\}$$

よって

$$nx^{n-1}+(n-1)x^{n-2}+\cdots+2x+1=0$$

の根の絶対値が1より小さいことを示せばよい.

係数をみると

$$n>n-1>\cdots>2>1$$

となって，掛谷の定理の条件をみたしているから，すべての根の絶対
値は1より小さい.

（**解2**）　掛谷の定理を用いずに直接証明することもできるが，その
証明は，定理の証明と大差ない. しかし係数が数列をなしているので，
定理の証明よりはやさしい.

$$nx^n=x^{n-1}+x^{n-2}+\cdots+x+1 \qquad\qquad ①$$

背理法による. $|x|\geqq 1$, $x\neq 1$ ならば矛盾することを示す.

$|x|>1$ のとき

①の両辺を x^n でわる.

$$n=\frac{1}{x}+\frac{1}{x^2}+\cdots\cdots+\frac{1}{x^n}$$

$$|右辺|=\left|\frac{1}{x}+\frac{1}{x^2}+\cdots\cdots+\frac{1}{x^n}\right|$$

$$\leqq \frac{1}{|x|}+\frac{1}{|x|^2}+\cdots\cdots+\frac{1}{|x|^n}<1+1+\cdots+1=n$$

これは |左辺|$=n$ に矛盾する.

$|x|=1$ のとき

$x=1$ を除いた場合だから, x は負の根か虚根かである.

①の方程式において

$$|右辺|\leqq|x^{n-1}|+|x^{n-2}|+\cdots+|x+1|$$

ところが, x は負か虚数かだから,

$$|x+1|<|x|+1$$

となって等号がはいらない. したがって

$$|右辺|<|x|^{n-1}+|x|^{n-2}+\cdots+|x|+1=n$$

これは

$$|左辺|=n|x|^n=n$$

に矛盾.

◉ 練 習 問 題 (6) ◉

33. 方程式

$$x^n+x^{n-1}+\cdots+x+1=0$$

について, 次の問に答えよ.

(1) この根の絶対値は 1 に等しい.

(2) n が偶数のとき, 実根をもたない.

(3) n が奇数のとき, 根のうち実数のものは -1 で, 残りはすべて

虚根である.

34. n が自然数であるとき，方程式

$$nx^n = x^{n-1} + x^{n-2} + \cdots + x + 1$$

について，次の問に答えよ.

(1)　n が偶数のとき，1つの正根と1つの負根をもち，残りの根は虚数である.

(2)　n が奇数のとき，1つの正根をもち，残りの根は虚数である.

35.　方程式

$$x^5 - 5x + 4 = 0$$

のすべての根の絶対値は1より小さくないことを証明せよ.

36.　方程式

$$x^3 + 2x^2 + 3x + 4 = 0$$

の根の絶対値は1より大きく2以下であることを，次の順序で証明せよ.

(1)　掛谷の定理によって，根の絶対値は1より大きいことを示す.

(2)　$2z = x$ とおいて，z についての方程式を作り，掛谷の定理を用いる.

37.　a, b, c がすべて正の数で，3次方程式 $x^3 - ax^2 + bx - c = 0$ が3つの実根をもつとき，3根はすべて正の数であることを証明せよ.

7. ガウスの定理

Gauss の名のついた定理はたくさんある．こ
れから考える Gauss の定理は，代数方程式

$$f(z)=0$$

の根と，これを微分してえられる方程式

$$f'(z)=0$$

の根との位置関係に関するものである．

この特殊な場合が，入試に現われた．

Gauss
（ドイツ 1777～1855）

———— 例 ————

x の関数 $f(x)=2x^3+3x^2+2x-2$ を考える．

(1) $f(i-1)=0$ となることを用いて, 3 次方程式 $f(x)=0$ の根を
    求めよ．

(2) 複素平面上で, 2 次方程式 $f'(x)=0$ の 2 根は, $f(x)=0$ の 3
    根を頂点とする三角形の内部にあることを示せ．ただし, $f'(x)$
    は $f(x)$ の導関数を表わす．   （京　大）

———————————————————————

係数が具体的に与えられており，根が実際に求められるから，高校
生にそう無理な問題ではないだろう．

(1) 実係数であるから, $-1+i$ が根ならば，この共役複素数 $-1-i$
    も根である．

$$(x+1-i)(x+1+i)=x^2+2x+2$$

この式で $f(x)$ をわると商は $2x-1$ になるから, $f(x)=0$ の根は

$$-1+i, \quad -1-i, \quad \frac{1}{2}$$

(2) $f'(x)=6x^2+6x+2, \quad f'(x)=0$ を解いて

$$x=-\frac{1}{2}\pm\frac{\sqrt{3}}{6}i$$

Gauss 平面上で

$$A(-1+i), \quad B(-1-i), \quad C\left(\frac{1}{2}\right),$$

$$P\left(-\frac{1}{2}+\frac{\sqrt{3}}{6}i\right), \quad Q\left(-\frac{1}{2}-\frac{\sqrt{3}}{6}i\right)$$

とおくと，図から明らかなように，2点 P, Q は △ABC の内部にある．

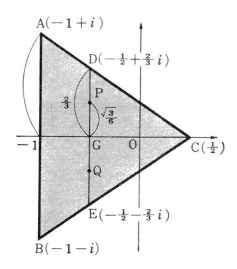

▨ Gauss の 定 理 ▨

この問題は，実は，一般の3次方程式に関する定理の特殊の場合に過ぎない．

3次方程式

$$f(z)=az^3+bz^2+cz+d=0$$

の3根を z_1, z_2, z_3 とし

$$f'(z) = 3az^2 + 2bz + c = 0$$

の2根を α, β とすれば，Gauss 平面上で，2点 α, β は3点 z_1, z_2, z_3 を頂点とする三角形の内部またはその周上にある．

これが Gauss の定理である．

a, b, c, d は一般に複素数でよい．

また3点 z_1, z_2, z_3 が1直線上にある場合も許す．したがって，もっと正確には，「2点 α, β は，3点 z_1, z_2, z_3 を含む**最小の凸図形**の内部または周上にある」といえばよい．

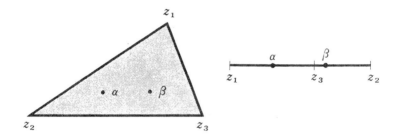

これを証明してみよう．

すでに予備知識を与えてある．p. 81～p. 101 の「凸多角形のベクトル表示」を一読願いたい．

複素数は

　　　　　加法，減法，実数倍

に関する限りでは，ベクトルと全く同じであるから，「凸多角形のベクトル表示」の理論は，そのまま「凸多角形の複素数表示」にあてはまる．

すなわち，3点 z_1, z_2, z_3 の作る三角形（以後線分の場合も含める）内または周上の点 z は，次の式で表わされる．

$$z = m_1 z_1 + m_2 z_2 + m_3 z_3 \qquad\qquad ①$$

$$\left(\begin{matrix} m_1, \ m_2, \ m_3 \geqq 0 \\ m_1 + m_2 + m_3 = 1 \end{matrix} \right)$$

したがって，Gauss の定理を証明するには，α, β が①のような式で表わされることを示せばよいわけである．

α, β を z_1, z_2, z_3 で表わすのが目標だから，$f(z)$ を因数分解して，z_1, z_2, z_3 で表わしてはどうかと考えるのが自然であろう．

$$f(z) = a(z - z_1)(z - z_2)(z - z_3)$$

これを微分すると

$$f'(z) = a(z - z_2)(z - z_3) + a(z - z_1)(z - z_3)$$
$$+ a(z - z_1)(z - z_2)$$

$f'(z)$ を $f(z)$ で割ると

$$\frac{f'(z)}{f(z)} = \frac{1}{z - z_1} + \frac{1}{z - z_2} + \frac{1}{z - z_3}$$

そこで，方程式

$$\frac{f'(z)}{f(z)} = \frac{1}{z - z_1} + \frac{1}{z - z_2} + \frac{1}{z - z_3} = 0 \qquad\qquad ②$$

を考えると，z_1, z_2, z_3 が異なるならば，②は

$$f'(z) = 0 \qquad\qquad ③$$

と同値である．

なぜかというに

$$f'(z_1) = a(z_1 - z_2)(z_1 - z_3) \neq 0$$

同様にして $f'(z_2) \neq 0$, $f'(z_3) \neq 0$ となって，③の根は②の分母を 0 としないからである．

z_1, z_2, z_3 に等しいものがあるときは別に証明することにして，さしあたり，相異なる場合を証明しよう．

②の両辺の共役複素数をとると

$$\frac{1}{\overline{z-z_1}}+\frac{1}{\overline{z-z_2}}+\frac{1}{\overline{z-z_3}}=0$$

ところが

$$\frac{1}{\overline{z-z_1}}=\frac{z-z_1}{(z-z_1)(\overline{z-z_1})}=\frac{z-z_1}{|z-z_1|^2}$$

他の2式も同様の変形ができるから

$$\frac{z-z_1}{|z-z_1|^2}+\frac{z-z_2}{|z-z_2|^2}+\frac{z-z_3}{|z-z_3|^2}=0$$

計算を簡単にするため

$$\frac{1}{|z-z_1|^2}=t_1,\quad \frac{1}{|z-z_2|^2}=t_2,\quad \frac{1}{|z-z_3|^2}=t_3$$

とおくと

$$(z-z_1)t_1+(z-z_2)t_2+(z-z_3)t_3=0$$

$$\therefore\quad z=\frac{t_1z_1+t_2z_2+t_3z_3}{t_1+t_2+t_3}$$

ここで

$$\frac{t_1}{t_1+t_2+t_3}=m_1,\quad \frac{t_2}{t_1+t_2+t_3}=m_2,\quad \frac{t_3}{t_1+t_2+t_3}=m_3$$

とおいてみよ．

$$z=m_1z_1+m_2z_2+m_3z_3$$

しかも，t_1, t_2, t_3 は正の数であるから

$$m_1, m_2, m_3>0$$

その上

$$m_1 + m_2 + m_3 = 1$$

となっている.

つまり, ①の条件を完全にみたしているから, 点 z は三角形 $z_1z_2z_3$ の内部にある.

では, z は何かというに, これは方程式②の根, したがって③の根だから, α とも, β ともみられる.

結局, 2点 α, β は三角形 $z_1z_2z_3$ の内部 にあることが明らかにされた.

z_1, z_2, z_3 に等しいものがある場合の証明が残っていた.

たとえば $z_1 \neq z_2, z_2 = z_3$ とすると

$$f(z) = a(z-z_1)(z-z_2)^2$$
$$f'(z) = a(z-z_2)^2 + 2a(z-z_1)(z-z_2)$$
$$= a(z-z_2)(3z-2z_1-z_2)$$

$f'(z) = 0$ から

$$z = z_2, \quad z = \frac{2z_1+z_2}{3}$$

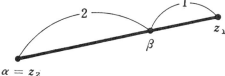

明らかに条件をみたしている.

$z_1 = z_2 = z_3$ のときは簡単.

上の結果を最初にあげた京大の問題にあてはめてみると

$$z_1 = -1+i, \quad z_2 = -1-i, \quad z_3 = \frac{1}{2}$$

$$\alpha = -\frac{1}{2} + \frac{\sqrt{3}}{6}i, \ \beta = -\frac{1}{2} - \frac{\sqrt{3}}{6}i$$

$z = \alpha$ とおくと

$$
\begin{aligned}
|z - z_1|^2 &= \left| -\frac{1}{2} + \frac{\sqrt{3}}{6}i + 1 - i \right|^2 \\
&= \left| \frac{1}{2} + \frac{\sqrt{3} - 6}{6}i \right|^2 \\
&= \left(\frac{1}{2} \right)^2 + \left(\frac{\sqrt{3} - 6}{6} \right)^2 = \frac{4 - \sqrt{3}}{3}
\end{aligned}
$$

$$t_1 = \frac{3}{4 - \sqrt{3}} = \frac{12 + 3\sqrt{3}}{13}$$

同様にして

$$t_2 = \frac{12 - 3\sqrt{3}}{13} \quad , \quad t_3 = \frac{12}{13}$$

$$m_1 = \frac{4 + \sqrt{3}}{12}, \quad m_2 = \frac{4 - \sqrt{3}}{12}, \quad m_3 = \frac{1}{3}$$

$$\therefore \ \alpha = \frac{4 + \sqrt{3}}{12}z_1 + \frac{4 - \sqrt{3}}{12}z_2 + \frac{1}{3}z_3$$

同様にして

$$\beta = \frac{4 - \sqrt{3}}{12}z_1 + \frac{4 + \sqrt{3}}{12}z_2 + \frac{1}{3}z_3$$

z_1, z_2, z_3 の係数は正で，和は 1 だから，点 α, β は三角形 $z_1 z_2 z_3$ の内部にあることを示している．

▨ Gauss の定理の拡張 ▨

以上の Gauss の定理は，一般に，n 次の代数方程式へ拡張される．

Gauss の定理の縮小 $f(z)=az+b=0$ のときはどうなる.

$$f(z)=a_0z^n+a_1z^{n-1}+\cdots+a_{n-1}z+a_n=0$$
$$f'(z)=na_0z^{n-1}+(n-1)a_1z^{n-2}+\cdots+a_{n-1}=0$$

$f'(z)=0$ の根は, $f(z)=0$ の根

$$z_1,\quad z_2,\quad \cdots,\quad z_n$$

を含む最小の凸多角形の内部, または, その周上にある.

次ページの図は $n=8$ の場合の一例で, アミの部分は点 $z_1, z_2, \cdots, z_8$ を含む最小の凸多角形を示す. この内部または周上に, $f'(z)=0$ の根がすべて含まれるということを, 上の定理は主張している.

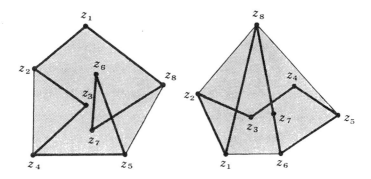

　この証明は3次の場合の証明を参考にして一般化すればよい．読者の研究におまかせしよう．

▨ 3次方程式にもどって ▨

　はじめにあげた問題をみると，$f(x)=0$ の3根を頂点とする三角形 ABC の重心は $G\left(-\dfrac{1}{2}\right)$ で，これは $f'(x)=0$ の2根を両端とする線分の重心(中点)と一致する．

　このことは，一般の3次方程式でも成り立つことがたやすく証明される．

$$f(z)=az^3+bz^2+cz+d=0$$

の3根 z_1, z_2, z_3 の表わす3点の重心は

$$\frac{z_1+z_2+z_3}{3}=-\frac{b}{3a} \qquad ①$$

$$f'(z)=3az^2+2bz+c=0$$

の2根 α, β の表わす2点の重心は

$$\frac{\alpha+\beta}{2}=\frac{1}{2}\left(-\frac{2b}{3a}\right)=-\frac{b}{3a} \qquad ②$$

①と②は等しいから，2つの重心は一致する．

　もっと，くわしくみると2点 α, β は三角形 z_1, z_2, z_3 の**等角共役点**になっている．

　等角共役点というのは，次の図のように3組の角が等しくなる点のことである．

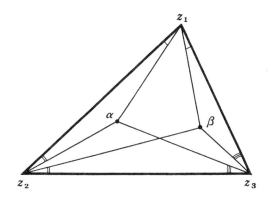

　この証明はチョットくふうを要する．

$$f(z) = a(z-z_1)(z-z_2)(z-z_3)$$

$$f'(z) = a(z-z_2)(z-z_3) + a(z-z_1)(z-z_3) + a(z-z_1)(z-z_2)$$

$f'(z)$ は $3a(z-\alpha)(z-\beta)$ に等しいから，次の恒等式が成り立つ．

$$(z-z_2)(z-z_3) + (z-z_3)(z-z_1)$$
$$+ (z-z_1)(z-z_2) = 3(z-\alpha)(z-\beta) \qquad ③$$

③で $z = z_1$ とおいてみると

$$(z_1-z_2)(z_1-z_3) = 3(z_1-\alpha)(z_1-\beta)$$

$$\therefore \ 3\frac{z_1-\alpha}{z_1-z_2} = \frac{z_1-z_3}{z_1-\beta}$$

したがって

$$\arg\frac{z_1-\alpha}{z_1-z_2} = \arg\frac{z_1-z_3}{z_1-\beta}$$

すなわち

$$\angle z_2 z_1 \alpha = \angle \beta z_1 z_3$$

同様にして

$$\angle z_1 z_2 \alpha = \angle \beta z_2 z_3, \quad \angle z_2 z_3 \alpha = \angle \beta z_3 z_1$$

▨ Van den Berg の定理 ▨

三角形 $z_1 z_2 z_3$ と 2 点 α, β の関係をさらに探ってみると, 次の不思議な関係のあることもわかるのである.

この定理を Van den Berg の定理という.

> 2 点 α, β は, 三角形 $z_1 z_2 z_3$ の 3 辺の中点で各辺に接する楕円の焦点である.

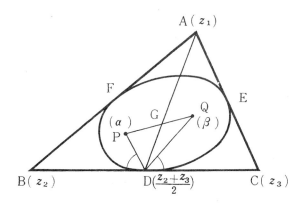

この証明はかなりむずかしい. 予備知識のなるべくいらない証明をあげてみる.

次の 2 段階に分けて試みよう.

(1)　P, Q を焦点とし, 3 点 D, E, F を通る楕円が存在する.

(2)　この楕円は D, E, F で各辺に接する.

第 1 段階を証明するには P, Q から D, E, F までの距離の和が等しいこと, すなわち

$$DP+DQ=EP+EQ=FP+FQ$$

を示せばよい.

△ABC の重心を G とすると, G は PQ の中点でもあった. したがって △DPQ から

$$DP^2+DQ^2=2DG^2+2PG^2$$

両辺に 2DP·DQ を加えると

$$(DP+DQ)^2=2DP\cdot DQ+2DG^2+\frac{PQ^2}{2} \qquad ④$$

さて, 前々のページの恒等式③を書きかえて

$$(z-z_2)(z-z_3)+(z-z_1)(2z-z_2-z_3)$$
$$=3(z-\alpha)(z-\beta)$$

この式で $z=\dfrac{z_2+z_3}{2}$ とおくと

$$\frac{z_3-z_2}{2}\cdot\frac{z_2-z_3}{2}=3\left(\frac{z_2+z_3}{2}-\alpha\right)\left(\frac{z_2+z_3}{2}-\beta\right) \qquad ⑤$$

両辺の絶対値をとれば

$$\frac{BC^2}{4}=3DP\cdot DQ \qquad \therefore\ DP\cdot DQ=\frac{BC^2}{12}$$

これを④に代入すると

$$(DP+DQ)^2=\frac{BC^2}{6}+2DG^2+\frac{PQ^2}{2}$$
$$=\frac{BC^2}{9}+\frac{2}{9}BD^2+\frac{2}{9}AD^2+\frac{PQ^2}{2}$$

$$= \frac{BC^2}{9} + \frac{1}{9}(AB^2 + AC^2) + \frac{PQ^2}{2}$$

$$= \frac{1}{9}(BC^2 + AB^2 + AC^2) + \frac{1}{2}PQ^2$$

全く同様にして $(EP+EQ)^2$, $(FP+FQ)^2$ も上と同じ式になるから，$DP+DQ$, $EP+EQ$, $FP+FQ$ は等しい．

これで第1段階の目的を達した．

第2段階は，⑤の式から偏角の関係を導けばよい．

$$\frac{3\left(\dfrac{z_2+z_3}{2}-\alpha\right)}{z_3-z_2} = \frac{z_2-z_3}{4\left(\dfrac{z_2+z_3}{2}-\beta\right)}$$

両辺の偏角をとると

$$\arg\frac{\dfrac{z_2+z_3}{2}-\alpha}{z_3-z_2} = \arg\frac{z_2-z_3}{\dfrac{z_2+z_3}{2}-\beta}$$

$$\therefore \quad \angle PDB = \angle CDQ$$

すなわち PD と QD は BC と等角をなすから，また接線の性質によって，楕円は BC とその中点 D で接する．

全く同様にして，楕円は CA とその中点 E で，また AB とその中点 F で接する．

この定理を最初の入試問題で確かめてみることをおすすめしよう．

Descartes 座標に直して考えると，三角形 ABC の3辺にその中点で接する楕円の方程式は

$$4\left(x+\frac{1}{2}\right)^2 + 3y^2 = 1$$

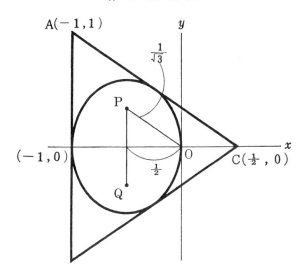

となる.

この楕円は AC, BC に, それらの中点で接することを確かめよ.

◉ 練 習 問 題 (7) ◉

38.　x の関数 $f(x)=2x^3+3x^2+6x+5$ ておいて, 次の問に答えよ.

(1)　$f(x)=0$ の 3 根を求めよ.

(2)　$f'(x)=0$ の 2 根を求めよ.

(3)　ガウス平面上で, $f'(x)=0$ の 2 根は $f(x)=0$ の 3 根を頂点とする三角形の内部にあることを図をかいて示せ.

39.　x の関数 $f(x)=x^4+x^2+1$ において, 次の問に答えよ.

(1)　$f(x)=0$ の根を求めよ.

(2)　$f'(x)=0$ の根を求めよ.

(3)　Gauss 平面上で, $f'(x)=0$ の 3 根は, $f(x)=0$ の 4 根を頂点

とする四角形の内部にあることを，図をかいて示せ.

40. a, b, c は正の数であるとき，方程式

$$\frac{a}{z-z_1}+\frac{b}{z-z_2}+\frac{c}{z-z_3}=0$$

の2根は，3点 z_1, z_2, z_3 を頂点とする三角形の内部にあることを証明せよ.

41.　Gauss 平面上で，方程式 $az^2+2bz+c=0$ の2根 z_1, z_2 の表わす点を A, B とし，方程式 $a'z^2+2b'z+c'=0$ の2根 z_3, z_4 の表わす点を C, D とする.

　係数の間に

$$ac'+a'c=2bb'$$

なる関係があるとき，次の問に答えよ.

(1)　$\dfrac{z_1-z_3}{z_2-z_3} : \dfrac{z_1-z_4}{z_2-z_4}$ の値はいくらか.

(2)　4点 A, B, C, D は同じ円周上にあることを証明せよ.

(3)　z_1, z_2, z_3, z_4 が実根ならば，2点 C, D は2点 A, B を調和に分ける.

$8.$ 位数 3 のいろいろの群

　話をはじめるための素材として入試問題を取り上げよう. いまの入試問題には悪い問題が多いが, 全部が全部悪いわけではない. 中にはよい問題もある. その身近なよい問題をタネにして, 少しずつ現代数学の入口をのぞいてみようというコンタンである.

——— 例 ———

　相異なる3つの複素数がある. これらのうちから重複を許してとったどの2つの積も, これらの3数のどれかであるという. 3数の組を求めよ.   (東工大)

　この問題は, 「ある演算について閉じている集合」の例としてみると興味がある.

▨ 演算について閉じている ▨

　集合がある演算について閉じているとはどういうことか. それはいたって平凡なことだ.

　有限でも, 無限でもよい, とにかく1つの集合Gがあるとしよう. その中の任意の2つを取り出して, ある演算を行なったときに, その演算の結果が必ずGの中にあるならば, Gはその演算について**閉じている**というのである.

　たとえば, 自然数の集合

$$\{1, \ 2, \ 3, \ 4, \ \cdots\cdots\}$$

をみると, どの2数の和も自然数だから, この集合の中に属す. だから, この集合は加法について閉じている.

　もちろん, 乗法についても閉じている.

　しかし, 2数を取り出して減法を行なうと, 2−5＝−3のように,

奇数の集合は加法について閉じていない.

この集合には属さないものが出るから，減法については閉じていない.
同じ理由で，除法についても閉じていない.

　自然数の代りに偶数だけの集合を考えても，加法，乗法については
閉じている.

　ところが奇数の集合をとると，

　　　　　奇数＋奇数＝偶数

となるので，加法については閉じていない．

　しかし

　　　　奇数×奇数＝奇数

だから，乗法については閉じている．

　さて，先の問題にもどろう．

　「3つの複素数があって，乗法については閉じている．その3数とはなんぞや」

こう要約される．とにかく，その3数を明らかにしよう．

　異なる3数を α, β, γ とすると，2つずつとった積は

　　　　$\alpha\beta, \ \alpha\gamma, \ \beta\gamma, \ \alpha^2, \ \beta^2, \ \gamma^2$

の6つ．これらが α, β, γ のどれかに等しくなるわけだ．

　そこまではわかるが，どれがどれに等しくなるやらカイモク不明とあっては手の出しようがない．すべての場合をイチイチ検討していたのでは日が暮れる．名案やいかに．

　6つの積のうち，α をかけたものをひろい出すと

　　　　$\alpha^2, \ \alpha\beta, \ \alpha\gamma$

これは $\alpha \neq 0$ の保証があれば異なる3数．

　どうしてかというに

　　　　$\alpha^2 - \alpha\beta = \alpha(\alpha - \beta) \neq 0$
　　　　$\alpha\beta - \alpha\gamma = \alpha(\beta - \gamma) \neq 0$

などとなるからである．

　これに気づけば，$\alpha\beta\gamma$ が0かどうかで，2つの場合に分けて考えるぐらいのチエはだれでも出るだろう．

　（i）　$\alpha\beta\gamma \neq 0$ のとき

$\alpha^2,\ \alpha\beta,\ \alpha\gamma$ は相異なるから，順序を無視すれば $\alpha,\ \beta,\ \gamma$ と一致する．つまり，集合としてみたとき

$$\{\alpha^2,\ \alpha\beta,\ \alpha\gamma\} = \{\alpha,\ \beta,\ \gamma\}$$

ここまでくれば，各集合の 3 数の積は等しいことに気づくだろう．

$$\alpha^2 \cdot \alpha\beta \cdot \alpha\gamma = \alpha\beta\gamma$$

$\alpha\beta\gamma$ でわって，$\alpha^3 = 1$

$$\alpha = 1,\ \omega,\ \omega' \quad \left(\omega,\ \omega' = \frac{-1 \pm \sqrt{3}\,i}{2}\right)$$

ここで，チョット立ちどまる．これから先はどうするか．同じようなことを，β, γ についても試みたとすると

$$\beta = 1,\ \omega,\ \omega'$$
$$\gamma = 1,\ \omega,\ \omega'$$

これでひと安心．α, β, γ は相異なることに注意すれば，これらの 3 数は，順序を無視して $1,\ \omega,\ \omega'$ に等しいから

$$\{\alpha,\ \beta,\ \gamma\} = \{1,\ \omega,\ \omega'\}$$

これで答が 1 つ出た．

(ii) $\alpha\beta\gamma = 0$ のとき

たとえば $\alpha = 0$ とすると $\beta\gamma \neq 0,\ \beta \neq \gamma$

$\beta^2,\ \beta\gamma,\ \gamma^2$ は 0 に等しくないから $\beta,\ \gamma$ のいずれかに等しい．したがって集合 $\{\beta, \gamma\}$ もまた乗法について閉じている．

そこで，先と同じことをくり返せばよい．

$$\{\beta^2,\ \beta\gamma\} = \{\beta,\ \gamma\}$$
$$\beta^2 \cdot \beta\gamma = \beta\gamma \qquad \therefore\ \beta^2 = 1$$
$$\beta = 1,\ -1$$

同様にして $r=1, -1$

$$\therefore \quad \{\beta, r\} = \{1, -1\}$$

第 2 の答として $\{0, 1, -1\}$ が出た.

▨ 群とはなにか ▨

上で知った, 2 つの集合の性質を, さらに検討しようと思う.

$$M = \{1, \omega, \omega'\}$$

ω, ω' は 1 の虚立方根だから, 2 次方程式

$$x^2 + x + 1 = 0$$

の根. そこで

$$\omega\omega' = 1$$

$$\omega' = \frac{1}{\omega} = \frac{\omega^3}{\omega} = \omega^2, \quad \omega = \omega'^2$$

したがって, 2 数の乗法は下の左側の表にまとめられる.

この表から集合 M は除法についても閉じていることに気づくはずだ.

こういうときは, 面倒でも, この表を頼りに, 除法の表を作る努力をおしまない方がよい. 何事も, 学びはじめは, 実感のともなう理解のための作業をおしまないことである.

$a \times b$ の表

b \ a	1	ω	ω'
1	1	ω	ω'
ω	ω	ω'	1
ω'	ω'	1	ω

$\dfrac{b}{a}$ の表

b \ a	1	ω	ω'
1	1	ω'	ω
ω	ω	1	ω'
ω'	ω'	ω	1

$a \times b$ の表

b \ a	0	1	-1
0	0	0	0
1	0	1	-1
-1	0	-1	1

第2の集合

$$N = \{0, 1, -1\}$$

についても，同様のことを調べてみる．

乗法について閉じているから，乗法の表を作るのは可能．

除法の方は，0があるのでまずい．すなわち

$$\frac{0}{0}, \ \frac{1}{0}, \ \frac{-1}{0}$$

は計算できないから，除法については閉じていない．

Mのように

(i)　乗法について閉じている．

(ii)　結合律 $(ab)c = a(bc)$ がつねに成り立つ．

(iii)　乗法の逆演算（除法）について閉じている．

をみたす集合は，乗法について群をなすというのである．

群というと，何か高級なもののような感じを与えるが，実際は，いたって平凡なものである．

一般に集合Gが，次の条件をみたすとき，演算(＊)について**群**をなすというのである．

――――――――――――――――――――― **群 の 定 義** ―――

(i)　演算(＊)ついて閉じている．

(ii)　結合律 $(a*b)*c = a*(b*c)$ が成り立つ．

(iii)　演算(＊)の逆演算について閉じている．

集合Nは乗法について (i),(ii) をみたすが(iii)をみたさないから，乗法については群をなさない．

しかしNの部分集合

$$N_1 = \{1, -1\}$$

をとると，これは乗法について群をなす.

$a \times b$ の表

b ＼ a	1	-1
1	1	-1
-1	-1	1

$b \div a$ の表

b ＼ a	1	-1
1	1	-1
-1	-1	1

▨ 剰余群の簡単な例 ▨

N は乗法については群をなさないが，加法については，チョットしたくふうをすれば，実は群をなすのである.

そのくふうというのは，3 の倍数を無視することだ. 数学的表現をとれば

      3 を法として合同   すなわち mod 3

のもとで計算をするのである.

$$-1 \equiv 2 \quad (\text{mod } 3)$$

だから，-1 は 2 と同じとみて $N = \{0, 1, 2\}$ と書く.

加法のうち

$$0+0 \equiv 0, \quad 0+1 \equiv 1+0 \equiv 1 \quad (\text{mod } 3)$$

$$1+1 \equiv 2, \quad 0+2 \equiv 2+0 \equiv 2 \quad (\text{mod } 3)$$

はふつうの加法と同じ. 残りは

$$2+1 \equiv 1+2 \equiv 3 \equiv 0 \quad (\text{mod } 3)$$

$$2+2 \equiv 4 \equiv 1 \quad (\text{mod } 3)$$

この mod 3 の加法は，1 日を 3 時間制としたときの時間の計算だと思えばよい.

$a+b$ の表			
b＼a	0	1	2
0	0	1	2
1	1	2	0
2	2	0	1

⇒

$b-a$ の表			
b＼a	0	1	2
0	0	2	1
1	1	0	2
2	2	1	0

　右の加法の表から，減法について閉じていることもたやすくわかるだろう.

　これで,集合Nは, mod 3 の加法について群をなすことがわかった.

　実は, Nの要素 0, 1, 2 は, 整数を3でわったとき, 余りがそれぞれ 0, 1, 2 となる数の代表である. すなわち 0 は

　　　集合 $\{0, \pm3, \pm6, \pm9, \cdots\cdots\}$

を代表し, 1 は

　　　集合 $\{\cdots\cdots, -5, -2, 1, 4, 7, 10, \cdots\cdots\}$

を代表し, 2 は

　　　集合 $\{\cdots\cdots, -4, -1, 2, 5, 8, 11, \cdots\cdots\}$

を代表するとみてもよい.

　この3つの場合を mod 3 の**剰余類**という. この剰余類は加法に関し群をなし, それを代表要素で表わしたものが群Nなのである.

▨ 同型とはなにか ▨

　2つの群MとNは, 見かけはちがうが中味は同じことを明らかにしよう.

　Mの乗法表とNの加法表をジット見くらべる.

Mの乗法表の $1, \omega, \omega', \times$ をそれぞれ $0, 1, 2, +$ でおきかえるとNの加法表になるだろう.

<table>
<tr><th colspan="4">M の乗法表
（a×b の表）</th><th></th><th colspan="4">N の加法表
（a+b の表）</th></tr>
</table>

b＼a	1	ω	ω'		b＼a	0	1	2
1	1	ω	ω'	$1 \to 0$	0	0	1	2
ω	ω	ω'	1	$\omega \to 1$	1	1	2	0
ω'	ω'	1	ω	$\omega' \to 2$ $\times \to +$	2	2	0	1

（中央に f の矢印）

Mの乗法表とNの加法表にこのような関係があれば, これらをもとにして作られるMの除法表とNの減法表の間にも同様の関係があることは, 容易に想像できることである.

このようなとき, 群MとNは**同型**であるという. 同型とは要するに

見かけはちがうが中味は同じ

ということだ. このごろの電気製品のようなもので, 中の機械は全く同じでも, 外部のデザインにくふうをこらし, デラックス〇〇などの商品名をつける. 商品名はちがっても中味の同じ製品は, 群でいう同型である.

一般に 2 つの群

G₁（演算 * についての群）

G₂（演算 ∘ についての群）

の間に, つぎの関係をつけることができるとき, G_1 と G_2 は同型であるという.

────── 同型の定義 ──────

(i) G_1 の元と G_2 の元に 1 対 1 対応をつける.

中味は同じ，箱だけかえてデラックス.

(ii)　G_1 の元 a, b に対応する G_2 の元をそれぞれ x, y とすれば，$a*b$ には $x \circ y$ が対応する.

$$G_1 \text{ の元} \left\{ \begin{array}{c} a \sim x \\ b \sim y \\ \downarrow \\ a*b \sim x \circ y \end{array} \right\} G_2 \text{ の元}$$

　さて，それではMの乗法表をNの加法表に完全に書きかえる手続き f は，数学的にはどのように表現されるだろうか.

　よく知られているように，ω' と ω の間には

$$\omega'=\omega^2$$

の関係があった. そこで

$$1=\omega^0, \quad \omega=\omega^1, \quad \omega'=\omega^2$$

と書きかえてみると

$$M=\{\omega^0, \quad \omega^1, \quad \omega^2\}$$

一方

$$N=\{0, 1, 2\}$$

　ここまでくれば，ハハア，ナルホドと気づくはず，Mの元の指数だけを取り出せばNの元がえられる. そしてMにおける乗法は，たとえば

$$\omega^1\times\omega^2=\omega^{1+2}=\omega^3=\omega^0$$

指数だけを取り出すと

$$1+2\equiv0 \qquad (\mathrm{mod}\ 3)$$

で，mod 3 の加法になる.

　これは，複素数の極形式を用いても同じこと.

$$1=\cos 0+i\sin 0$$

$$\omega=\cos\frac{2\pi}{3}+i\sin\frac{2\pi}{3}$$

$$\omega'=\cos\frac{4\pi}{3}+i\sin\frac{4\pi}{3}$$

この乗法は，偏角では mod 2π の加法になる. たとえば

$$\omega\omega' = \cos\left(\frac{2\pi}{3} + \frac{4\pi}{3}\right) + i\sin\left(\frac{2\pi}{3} + \frac{4\pi}{3}\right)$$

$$= \cos 2\pi + i\sin 2\pi$$

$$= \cos 0 + i\sin 0$$

偏角の加法は

$$\frac{2\pi}{3} + \frac{4\pi}{3} \equiv 0 \qquad (\mathrm{mod}\ 2\pi)$$

そこで，集合

$$N' = \left\{0,\ \frac{2\pi}{3},\ \frac{4\pi}{3}\right\}$$

を考え，$\mathrm{mod}\ 2\pi$ の加法についてみると群をなす．そして全体を $\frac{2\pi}{3}$ でわれば N がえられる．

　この N' を幾何学的にみれば，原点 O を中心とする次の 3 つの回転の角の集合になる．

　e: O を中心に 0 だけ回転(不動).

　p: O を中心に $\frac{2\pi}{3}$ だけ回転.

　q: O を中心に $\frac{4\pi}{3}$ だけ回転.

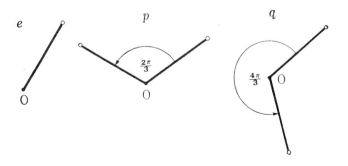

ただし，回転の合成における角の加法は，$\bmod 2\pi$ の加法と考える．

この集合を

$$L = \{e, p, q\}$$

と表わすと，L は M, N, N′ と同型の群になる．

もう一歩話を進めよう．

原点を中心に角 θ だけ回転することは，複素数では

$$\alpha = \cos\theta + i\sin\theta$$

をかけることである．そこで $z = x + iy$ に α をかけてみると

$$z\alpha = (x+iy)(\cos\theta + i\sin\theta)$$
$$= (x\cos\theta - y\sin\theta) + i(x\sin\theta + y\cos\theta)$$

そこで，$z\alpha = x' + iy'$ とおくと

$$\begin{cases} x' = x\cos\theta - y\sin\theta \\ y' = x\sin\theta + y\cos\theta \end{cases}$$

これは，原点を中心に角 θ だけ回転することを，Descartes 座標で表わしたものである．これをマトリックスの乗法で表わせば

$$\begin{pmatrix} x' \\ y' \end{pmatrix} = \begin{pmatrix} \cos\theta & -\sin\theta \\ \sin\theta & \cos\theta \end{pmatrix} \begin{pmatrix} x \\ y \end{pmatrix}$$

結局，この回転は，マトリックス

$$\begin{pmatrix} \cos\theta & -\sin\theta \\ \sin\theta & \cos\theta \end{pmatrix}$$

で表現される．

ここで $\theta = 0, \dfrac{2\pi}{3}, \dfrac{4\pi}{3}$ とおくと，群 L は

$$P = \left\{ \begin{pmatrix} 1 & 0 \\ 0 & 1 \end{pmatrix}, \begin{pmatrix} -\dfrac{1}{2} & -\dfrac{\sqrt{3}}{2} \\ \dfrac{\sqrt{3}}{2} & -\dfrac{1}{2} \end{pmatrix}, \begin{pmatrix} -\dfrac{1}{2} & \dfrac{\sqrt{3}}{2} \\ -\dfrac{\sqrt{3}}{2} & -\dfrac{1}{2} \end{pmatrix} \right\}$$

となって，異なる表現がえられる．

この群も，L, M, N, N′ に同型である．

▨ 置　換　群 ▨

L, M, N などと同型な置換の群は，正三角形に回転を行なうことによってたやすく作られる．

正三角形 a b c を，その中心Oのまわりに角

$$0, \frac{2\pi}{3}, \frac{4\pi}{3}$$

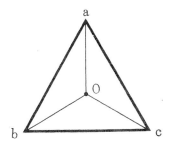

回転すると，頂点の位置はそれぞれ

```
a b c    a b c    a b c
↓ ↓ ↓    ↓ ↓ ↓    ↓ ↓ ↓
a b c    b c a    c a b
```

とかわる．これを簡単に

$$\begin{pmatrix} a\,b\,c \\ a\,b\,c \end{pmatrix}, \begin{pmatrix} a\,b\,c \\ b\,c\,a \end{pmatrix}, \begin{pmatrix} a\,b\,c \\ c\,a\,b \end{pmatrix} \quad とかく．$$

これは要するに a, b, c を a, b, c のどれかで置きかえることで a, b, c の**置換**と呼ばれている．

この置換は，どの文字のところへどの文字が来るかによって定まるもので，上下の文字を一緒にして書き方の順を変更しても，置換その

ものはかわらない.

たとえば, 第3の置換は

$$\begin{pmatrix} a & b & c \\ c & a & b \end{pmatrix} = \begin{pmatrix} a & c & b \\ c & b & a \end{pmatrix} = \begin{pmatrix} c & b & a \\ b & a & c \end{pmatrix} = \cdots\cdots$$

これらの置換は, Oを中心とする回転に対応する. ところがOを中心とする回転は合成が可能だから, 置換もまた合成が可能である.

たとえば, 第3の置換を行なったあとで, さらに第3の置換を行なってみる.

そうすると

$$\begin{pmatrix} a & b & c \\ b & c & a \end{pmatrix}$$

となって, 第2の置換がえられる.

このように2つの置換を続けて行なうことを**置換の合成**といい, 乗法と同じに書く.

$$\begin{pmatrix} a & b & c \\ c & a & b \end{pmatrix}\begin{pmatrix} a & b & c \\ c & a & b \end{pmatrix} = \begin{pmatrix} a & b & c \\ b & c & a \end{pmatrix}$$

以上の3つの置換の集合を

$$Q = \left\{ \begin{pmatrix} a & b & c \\ a & b & c \end{pmatrix}, \begin{pmatrix} a & b & c \\ b & c & a \end{pmatrix}, \begin{pmatrix} a & b & c \\ c & a & b \end{pmatrix} \right\}$$

とおくと, Qは合成に関して群をなし, この群は, L, M, N, Pなどと同型である.

この置換の群Qは, 次のような方法でも作られることを知っておくことは, 有限群の理論的研究でたいせつなことである. たとえば, 群

$$M = \{1, \omega, \omega'\}$$

で, 各元に $1, \omega, \omega'$ を順にかけて, 数のいれかわりに着目する.

1 をかけると　　　$M = \{1, \omega, \omega'\}$

ω をかけると　　　$M = \{\omega, \omega', 1\}$

ω' をかけると　　　$M = \{\omega', 1, \omega\}$

このことから，かける数に，それぞれ 1 つの置換の対応することがわかる.

$$1 \sim \begin{pmatrix} 1 & \omega & \omega' \\ 1 & \omega & \omega' \end{pmatrix}$$

$$\omega \sim \begin{pmatrix} 1 & \omega & \omega' \\ \omega & \omega' & 1 \end{pmatrix}$$

$$\omega' \sim \begin{pmatrix} 1 & \omega & \omega' \\ \omega' & 1 & \omega \end{pmatrix}$$

ここで $1, \omega, \omega'$ をそれぞれ文字 a, b, c で置きかえると，群 Q の元が完全にえられる.

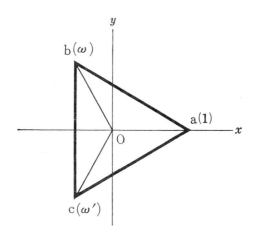

これは幾何学的にみると，しごくあたり前なことである．正三角形 abc を，上の図のように Gauss 平面上においてみよ.

$1, \omega, \omega'$ はそれぞれ点 a, b, c の座標になる.

ここで，たとえば，各座標に ω をかければ，O を中心とする $\dfrac{2\pi}{3}$ の

回転になるから

　　　　aはbへ，　bはcへ，　cはaへ

と位置をかえ，置換

$$\begin{pmatrix} a & b & c \\ b & c & a \end{pmatrix}$$　がえられる.

▨ 置換の分解・合成 ▨

　これから先の準備として，ここで置換の分解・合成を考えよう.

　先にあげた第2の置換

$$\begin{pmatrix} a & b & c \\ b & c & a \end{pmatrix}$$

は，aをbに，bをcに，cをaにかえるもので，まとめて

　　　　$a \rightarrow b \rightarrow c \rightarrow a$

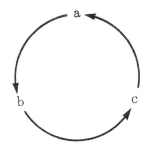

とかけるし，また，上の図のように輪状にかくこともできる. したが
って，これは簡単に

　　　　$(a\,b\,c)$

と書いても，なんら困らない. もちろん，これは $(b\,c\,a)(c\,a\,b)$ と書
いてもよい.

　表現は簡単なほどよいので，ふつうこの表わし方が用いられる. こ

のようなものを**輪換**(巡回置換)という.

この表わし方によると，先の第3の置換

$$\begin{pmatrix} a & b & c \\ c & a & b \end{pmatrix} \text{ は } \begin{pmatrix} a & c & b \\ c & b & a \end{pmatrix}$$

と同じで，簡単に (a c b) で表わされる.

Qの第1の置換は文字の位置を全くかえないもので，これも置換の1つと考え，**恒等置換**といい，ふつう e で表わす.

そこで，群Qは

$$Q = \{e, (abc), (acb)\}$$

と簡単化された.

複雑な置換は，すべて輪換の積(合成)で表わされる．たとえば，5文字の置換

$$\begin{pmatrix} a & b & c & d & e \\ e & d & a & b & c \end{pmatrix} \text{ は } \begin{pmatrix} a & e & c : b & d \\ e & c & a : d & b \end{pmatrix}$$

これは $\begin{pmatrix} a & e & c \\ e & c & a \end{pmatrix}\begin{pmatrix} b & d \\ d & b \end{pmatrix}$ すなわち (aec) (bd) と同じである.

〔**定理**〕　すべての置換は輪換の積として表わされる.

次に輪換のうちで最も簡単なものをみると，それは2文字の置換

(a b), (b c), (a c)

などで，これを**互換**という.

興味深いことに，すべての輪換は互換に分解される．すなわち

〔**定理**〕　輪換は互換で合成される.

たとえば

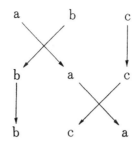

$$(a\,b\,c) = (a\,b)(a\,c)$$

上の図をみれば明らかであろう. さらに

$$(a\,b\,c\,d) = (a\,b)(a\,c)(a\,d)$$

一般に

$$(a\,b\,c\,d\cdots k) = (a\,b)(a\,c)(a\,d)\cdots(a\,k)$$

この定理を用いると, 先の群Qは

$$Q = \{e,\ (a\,b)(a\,c),\ (a\,c)(a\,b)\}$$

置換では, 合成の順序がたいせつで,

$$(a\,b)(a\,c) \quad と \quad (a\,c)(a\,b)$$

は同じ置換にならない. この点実数や複素数の乗法とはちがうから, かける置換の順序に, とくに注意してほしい.

つぎに3文字a, b, cがあると, 互換は

$$(a\,b),\ (a\,c),\ (b\,c)$$

の3つ考えられるが, このうちの1つは, 他の2つによって合成される.

たとえば

$$(b\,c) = (a\,b)(a\,c)(a\,b)$$

次の図で検討してほしい.

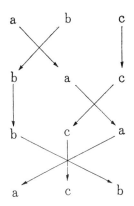

同様にして

$$(a\,c) = (b\,a)(b\,c)(b\,a)$$

$$(a\,b) = (c\,a)(c\,b)(c\,a)$$

一般に，次の公式がえられる．

$$(a\,b) = (x\,a)(x\,b)(x\,a)$$

次に 4 文字 a, b, c, d について考えると，互換は全部で

$$_4C_2 = \frac{4\times3}{1\times2} = 6$$

6 個ある．すなわち

$$(a\,b)\quad(a\,c)\quad(a\,d)\quad(b\,c)\quad(b\,d)\quad(c\,d)$$

この 6 つのうちの終りのほうの 3 つは，はじめの 3 つで表わされることを明らかにしよう．

$$(b\,c) = (a\,b)(a\,c)(a\,b)$$

$$(b\,d) = (a\,b)(a\,d)(a\,b)$$

$$(c\,d) = (a\,c)(a\,d)(a\,c)$$

要するに，6 つの互換は，a を含むものだけで表わされる．

　このような方法を一般化することは，やさしく，次の定理の成り立つことに気づくはず.

---

　n 個の文字 $a, b, c, \cdots, k$ についてのすべての互換は $\dfrac{1}{2}n(n-1)$ 個あるが，これらは a を含む $(n-1)$ 個の互換

$$(a\,b), (a\,c), \cdots, (a\,k) \qquad\qquad (\text{※})$$

によって合成される.

以上で知ったことを整理すると

　　　　置換は輪換で合成され，

　　　　輪換は互換で合成され，

　　　　互換は特定の互換(※)で合成される.

そこで，これらを組合わせると，次の定理に達する.

---

　n 個の文字 $a, b, c, \cdots, k$ についてのすべての置換は $n!$ 個あるが，これらは $(n-1)$ 個の互換

$$(a\,b), (a\,c), \cdots, (a\,k)$$

によって合成される.

　3文字についてのすべての置換は $3!=6$ 通りで

$$\begin{pmatrix} a\ b\ c \\ a\ b\ c \end{pmatrix}, \quad \begin{pmatrix} a\ b\ c \\ b\ a\ c \end{pmatrix}, \quad \begin{pmatrix} a\ b\ c \\ c\ b\ a \end{pmatrix},$$

$$\begin{pmatrix} a\ b\ c \\ a\ c\ b \end{pmatrix}, \quad \begin{pmatrix} a\ b\ c \\ b\ c\ a \end{pmatrix}, \quad \begin{pmatrix} a\ b\ c \\ c\ a\ b \end{pmatrix}$$

　これらは，どの2つを合成しても，この中のいずれかになるから，合成について閉じていることは明白. しかし，これだけのことから群

をなすと考えるのは早計. なぜかというに, 結合律の成立がたしかめられていないし, また合成の逆について閉じているかどうかも不明だからである.

この集合Sをすべて輪換でかくと

$$S = \{e, (ab), (ac), (bc), (abc), (acb)\}$$

さらに $(ab)=p$, $(ac)=q$ とおいて, 互換 p, q のみで表わすと

$$S = \{e, p, q, pqp, pq, qp\}$$

これが群をなすかどうかをみる手がかりとして, 合成の表を作ってみては？　その予備知識として $p^2=e$, $q^2=e$ のほかに

$$pqp=qpq, \quad (pq)^3=(qp)^3=e$$

を出しておくと計算が楽である. これから先は, 読者の研究におまかせしよう.

◎ 練 習 問 題 (8) ◎

42. x が 1, -1 以外の実数であるとき, 次の3つの関数は, 関数の合成に関して閉じているか.

$$e(x)=x, \ f(x)=\frac{x-3}{x+1}, \ g(x)=\frac{-x-3}{x-1}$$

43. 6の倍数を無視する乗法, すなわち mod 6 の乗法を考える. この計算で, 集合 $\{1, 5\}$ は群をなすか.

44. 集合における交わり∩, 結び∪は演算とみられる.

(1) 次の4つの集合の集合は, 演算∪について閉じているか.

$$\{a, b\}, \ \{a, c\}, \ \{b, c\}, \ \{a, b, c\}$$

(2)　上の集合は，演算∩について閉じているか．

45.　数値線上の2点 A, B を両端とする線分の中点を A+B で表わす．また線分 AB の3等分点のうち A に近い方を A·B で表わす．

　　点 A, B, C が任意の点であるとき，次のうちつねに成り立つものには〇を，そうでないものには×を記入せよ．

(1)　A+B=B+A

(2)　A·B=B·A

(3)　(A+B)+C=A+(B+C)

(4)　(A·B)·C=A·(B·C)

(5)　(A+B)·C=(A·C)+(B·C)

(6)　C·(A+B)=(C·A)+(C·B)

46.　絶対値が1より小さい実数全体の集合を S とし，S の中に新しい演算 * を次のように定義する．

$$a*b=\frac{a+b}{1+ab}$$

(1)　a と b が S に属するならば，$a*b$ も S に属するか．

(2)　結合法則 $(a*b)*c=a*(b*c)$ が成り立つか．

47.　次の置換を，輪換（巡回置換）の合成で表わせ．

(1)　$\begin{pmatrix} a & b & c & d & e \\ e & d & b & c & a \end{pmatrix}$　　(2)　$\begin{pmatrix} a & b & c & d & e & f \\ e & d & a & f & c & b \end{pmatrix}$

(3)　$\begin{pmatrix} a & b & c & d & e & f \\ f & d & e & b & c & a \end{pmatrix}$　　(4)　$\begin{pmatrix} a & b & c & d & e \\ e & d & c & a & b \end{pmatrix}$

48.　次の輪換を互換の合成として表わせ．

(1)　(x p q)　　(2)　(x p q r)　　(3)　(x p q r s)

49.　次の輪換を (p q) と (p r) のみで表わせ．

(1)　(q r p)　　(2)　(q p r)　　(3)　(q r)　　(4)　(r q p)(q r)

9.位数 4 の群

　すでに元の数が3つの群をいろいろの角度から眺めた．元の数が有限の群では，その元の数を**位数**というから，位数3の群を調べたことになる．

　位数3の群はいろいろあったが，それは見かけの相異で，内容的には，3文字についての**輪換（巡回置換）**

$$\{e\,(\textbf{恒等置換}),\quad (a\,b\,c),\quad (a\,c\,b)\}$$

と同じものであった．

　そして，この群は $(a\,b\,c)=p$ とおくと

$$\{e, p, p^2\}\quad または\quad \{p^0, p^1, p^2\}$$

と表わされる．

　このように，ただ1つの元の**べき**として表わされる群を**巡回群**という．位数3の群は，上の巡回群以外にはない．ただし同型のものは同じとみてである．

──── **例** ────────────────────────

　4つの数 a, b, c, d があって，次の条件をみたしている．

(1)　a, b, c, d は相異なる．

(2)　a, b, c, d の中の任意の2数の積は，すべて a, b, c, d のいずれかになる．

(3)　x, y, z が a, b, c, d の中の任意の数を表わすとき，$x \neq y$ ならば $xz \neq yz$ である．

　このとき，次の (i), (ii), (iii) を証明し，(iv)に答えよ．

(i)　a, b, c, d はいずれも 0 でない．

(ii)　a, b, c, d の中の任意の1つを x とすると，x, x^2, x^3, x^4, x^5 の中には相等しいものがある．また a, b, c, d の中のいずれかは1である．

(iii) x が a, b, c, d のいずれであっても，$xy=1$ になる y が a, b, c, d の中にある．

(iv) このような 4 数の例をあげよ．（証明不要）

群の知識が少しでもあれば，気楽に立向かえる問題であるが，高校生には苦手であろう．

ここで用いられる手法は，いずれも群論ではなじみ深いものである．このような手法は，一度習えば，案外に忘れることがなく，必要なとき応用できるものである．そういう意味ではたいせつだからジックリと味あうことにしよう．

「4つの数 a, b, c, d」とある．高校生相手の問題だから，数といえば複素数の範囲とみてよい．条件(1)〜(3)は，いわば公理のようなもの．これをもとにして，(i)〜(iv)を導く．ただし，a, b, c, d は複素数だから，複素数の性質は自由に用いてよい．そこで

〈条件〉　　　　　　　〈結論〉

$\left. \begin{array}{l} a, b, c, d \text{ は複素数} \\ (1), \ (2), \ (3) \end{array} \right\} \Rightarrow$(i), (ii), (iii), (iv)

と整理して考える．

(i) 条件 (2) とは縁がない．(3) の方である．

$$x \neq y \longrightarrow xz \neq yz$$

これが成り立つためには z は 0 であってはならない．z が 0 であると

$$xz = yz$$

となって，仮定に反する．

z は a, b, c, d の中の任意の数だから，結局

$$a, b, c, d \neq 0$$

(ii)　a, b, c, d からなる集合を G とおくと，x は G の元だから (2) に
よって x^2 も G の元，再び (2) を用い

$$x^3 = x^2 \cdot x \quad \text{も G の元}$$

同様のことをくり返すことによって x^4, x^5 も G の元.

$$\therefore \quad \{x, x^2, x^3, x^4, x^5\} \subset \{a, b, c, d\}$$

となるときには，$x, x^2, \cdots, x^5$ の中に 相等しいものがなければならな
い.

この事実から 1 の存在を導く.

たとえば x^3 が x^5 に等しかったとすると

$$x^3 = x^5 \qquad x^3(x^2 - 1) = 0$$

$x^3 \neq 0$ だから　　　$x^2 = 1$

たとえばでは証明にならないが，一応具体例でサグリを入れてから，
一般化といく.

x^m と x^n が等しかったとすると

$$x^m = x^n \quad (5 \geqq m > n \geqq 1)$$

$$x^n(x^{m-n} - 1) = 0$$

(i)によって $x \neq 0$ だから $x^n \neq 0$

$$\therefore \quad x^{m-n} = 1 \quad (1 \leqq m - n \leqq 4)$$

x^{m-n} は G にふくまれるから, 1 は G にふくまれる.

(iii)　G の中の任意の x に対して

$$xy = 1$$

をみたす y が必ずあることを示せというのだ.

それには x に，4つの数をかけると，その中には1になるものがあることを示せばよい.

$$xa,\ xb,\ xc,\ xd$$

(1)によって a, b, c, d は相異なり，さらに(3)によって xa, xb, xc, xd も相異なる．しかも(2)によってGにふくまれるから

$$G=\{xa,\ xb,\ xc,\ xd\}$$

この中には1があるから，どれかは1に等しい.

よって

$$xy=1$$

をみたす y が存在する.

(iv)　例を1つあげよというのだが，群の知識のないものには無理な注文.

137ページで試みた方法になろう.

$$G=\{a, b, c, d\}=\{xa,\ xb,\ xc,\ xd\}$$
$$\therefore\ abcd=xa\cdot xb\cdot xc\cdot xd$$

$abcd\neq0$ だから $x^4=1$

$$x=1,\ -1,\ i,\ -i$$

そこで

$$\{1,\ -1,\ i,\ -i\}$$

が条件にあうことを確かめて答とする.

▨ 位数4の巡回群 ▨

以上で知った集合

$$\underline{\text{G}=\{1,\ i,\ -1,\ -i\}}$$

は，乗法に関して，群の条件をみたすだろうか．

1°　乗法について閉じている．

2°　結合律が成り立つ．

3°　乗法の逆算(除法)について閉じている．

このうち 2° は $1, i, -1, -i$ が複素数であることから当然成り立つ．

1° と 3° は表を作ってみるまでもないだろうが，念のため．

$a \times b$ の表

$_a\backslash{}^b$	1	i	-1	$-i$
1	1	i	-1	$-i$
i	i	-1	$-i$	1
-1	-1	$-i$	1	i
$-i$	$-i$	1	i	-1

$a \div b$ の表

$_b\backslash{}^a$	1	i	-1	$-i$
1	1	i	-1	$-i$
i	$-i$	1	i	-1
-1	-1	$-i$	1	i
$-i$	i	-1	$-i$	1

この群は，1つの元のべきとして表わされる．

$$i^2=-1,\ i^3=-i,\ i^4=1$$

$$\therefore\ \text{G}=\{1,\ i,\ i^2,\ i^3\} \tag{1}$$

Gは位数4の巡回群であることがわかった．

Gの元のうち，1と−1をとり出してみると，この2つだけでも群をなす．

$$\text{G}'=\{1,\ -1\}$$

	1	-1
1	1	-1
-1	-1	1

このようなものを G の**部分群**というのである.

▨ 位数 4 の巡回群の例 ▨

　上の群の実例,すなわち見かけはちがうが内容的には同じ群.かた くるしくいえば同型な群.それをあげてみよう.位数 3 の群で試みた ように,(1)の元の指数をとり

$$G_1 = \{0, 1, 2, 3\} \tag{2}$$

(1)の元の乗法には,(2)の元の加法が対応する.

　ただし

$$i^2 \times i^3 = i^{2+3} = i^5 = i^1$$

などとなるのだから,4 の倍数を無視した加法.数学的云い方をすれ ば mod 4 の加法

$$2+3 \equiv 1, \quad 2+2 \equiv 0, \quad 3+3 \equiv 2 \quad (\mathrm{mod}\, 4)$$

　この加法の表を作るのは,読者におまかせしよう.

　ガウス平面上でみると

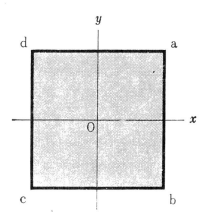

$$i = \cos\frac{\pi}{2} + i \sin\frac{\pi}{2}$$

を掛けることは，原点を中心に $\frac{\pi}{2}$ だけ回転することである．この回転を，

　　　　正方形 a b c d

に試みると，次の置換になる．

$$p = \begin{pmatrix} a & b & c & d \\ b & c & d & a \end{pmatrix} = (a\,b\,c\,d)$$

これを合成すると，π, $\dfrac{3\pi}{2}$ の回転に対応する置換

$$p^2 = \begin{pmatrix} a & b & c & d \\ c & d & a & b \end{pmatrix} = (a\,c)(b\,d)$$

$$p^3 = \begin{pmatrix} a & b & c & d \\ d & a & b & c \end{pmatrix} = (a\,d\,c\,b)$$

がえられる．これらに恒等置換 e を加えた

　　$G_2 = \{e, p, p^2, p^3\}$

すなわち

　　$G_2 = \{e, (a\,b\,c\,d), (a\,c)(b\,d), (a\,d\,c\,b)\}$

　つぎに $\frac{\pi}{2}$ の回転を，Descartes 座標 (x, y) で表わすことによって，姿をかえよう．

　その式は複素数の乗法を仲だちとして出せば簡単．点 $(x+yi)$ に回転 i を試みたら点 $(x'+y'i)$ になったとすると

$$x' + y'i = (x+yi)i$$

$$x' + y'i = -y + xi$$

$$\therefore \begin{cases} x' = -y \\ y' = x \end{cases}$$

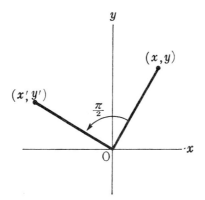

形をととのえると

$$\begin{cases} x' = 0 \cdot x + (-1)y \\ y' = 1 \cdot x + 0 \cdot y \end{cases}$$

マトリックスで表わすと

$$\begin{pmatrix} x' \\ y' \end{pmatrix} = \begin{pmatrix} 0 & -1 \\ 1 & 0 \end{pmatrix} \begin{pmatrix} x \\ y \end{pmatrix}$$

この変換は結局，マトリックス

$$q = \begin{pmatrix} 0 & -1 \\ 1 & 0 \end{pmatrix}$$

で表わされる.

これを 2 乗, 3 乗, 4 乗すると, π, $\dfrac{3\pi}{2}$, 2π の回転に対応するマトリックスがえられる. マトリックスの乗法の練習のつもりで, その結果を出してみよ.

$$q^2 = \begin{pmatrix} 0 & -1 \\ 1 & 0 \end{pmatrix} \begin{pmatrix} 0 & -1 \\ 1 & 0 \end{pmatrix} = \begin{pmatrix} -1 & 0 \\ 0 & -1 \end{pmatrix}$$

$$q^3 = \begin{pmatrix} -1 & 0 \\ 0 & -1 \end{pmatrix} \begin{pmatrix} 0 & -1 \\ 1 & 0 \end{pmatrix} = \begin{pmatrix} 0 & 1 \\ -1 & 0 \end{pmatrix}$$

$$q^4 = \begin{pmatrix} 0 & 1 \\ -1 & 0 \end{pmatrix} \begin{pmatrix} 0 & -1 \\ 1 & 0 \end{pmatrix} = \begin{pmatrix} 1 & 0 \\ 0 & 1 \end{pmatrix}$$

最後のマトリックスは単位マトリックスで，この群では単位元にあた
る.

　そこで，つぎの群がえられた.

$$G_3 = \left\{ \begin{pmatrix} 1 & 0 \\ 0 & 1 \end{pmatrix}, \begin{pmatrix} 0 & -1 \\ 1 & 0 \end{pmatrix}, \begin{pmatrix} -1 & 0 \\ 0 & -1 \end{pmatrix}, \begin{pmatrix} 0 & 1 \\ -1 & 0 \end{pmatrix} \right\}$$

もう1つ具体例をあげよう．1次の分数関数

$$w = \frac{az+b}{cz+d}$$

のうち，4個で巡回群をなすものはなんだろうか.

　その求め方まで説明すると長くなるから，結果だけをあげておく.

$$f(z) = \frac{z-1}{z+1}$$

この関数を2回，3回,……と合成してみると

$$f^2(z) = f(f(z)) = \frac{\dfrac{z-1}{z+1}-1}{\dfrac{z-1}{z+1}+1} = \frac{-2}{2z} = -\frac{1}{z}$$

$$f^3(z) = f^2(f(z)) = -\frac{1}{\dfrac{z-1}{z+1}} = -\frac{z+1}{z-1}$$

$$f^4(z) = f^2(f^2(z)) = -\frac{1}{-\dfrac{1}{z}} = z$$

　これで，1次の分数関数の集合

$$G_4 = \left\{ z, \frac{z-1}{z+1}, -\frac{1}{z}, -\frac{z+1}{z-1} \right\}$$

は，関数の合成について群をなし，Gと同型であることがわかった.

　このような例は，1次関数 $w = az+b$ から選び出すこともできる.

$$g(z) = iz + b \quad (b は任意の複素数)$$

をとると

$$g^2(z) = -z + (1+i)b$$

$$g^3(z) = -iz + bi$$

$$g^4(z) = z$$

となるから，4つの関数

$$G_5 = \{z,\ iz+b,\ -z+(1+i)b,\ -iz+bi\}$$

も，関数の合成に関して群をなし，Gと同型である.

░ Klein 群 ░

位数 4 の群は，以上で調べた巡回群だけだろう
か.

$$G = \{1,\ -1,\ i,\ -i\}$$

を導いた過程をみると，これ以外にはなさそうな
気がするが，実際はそうでない.

この群を導くとき

Klein
（ドイツ 1849〜1925）

$$G = \{a,\ b,\ c,\ d\} = \{xa,\ xb,\ xc,\ xd\}$$

から

$$abcd = xa \cdot xb \cdot xc \cdot xd \qquad\qquad ①$$

この両辺を $abcd$ でわって $1 = x^4$ を導くには，上の式を

$$abcd = abcdx^4 \qquad\qquad ②$$

と書きかえなければならない.

そのためには，結合律のほかに，交換律が必要. a, b, c, d, x は幸いな
ことに複素数だから交換律が成り立ち，①から②へ移ることができた.

もし, a, b, c, d がどんな「もの」かわからないとすると, 交換律は成り立つとは限らないから, ①から②へは移れない.

かりに交換律が成り立って①から②に移ったとしても, $x^4=1$ の x が複素数でないとすると, これをみたす x はわからない.

こういうわけだから, 位数 4 の群は, これこれのものに限るという結論を下すには, もっと厳密な考察が必要なわけだ. 群を抽象的に, 公理から考察する群論は, このような必要から生まれたものである.

ここでは, 群論をやるわけではない. 群のいろいろな実例を知ることによって, それを一般的に, 体系的に調べてみようという意欲を作るのがねらい.

結論から先にあげると, 位数 4 の群は, 先に知った巡回群のほかに, **クライン** (Klein) **の四元群** (略して **Klein 群**) というのがある.

$$\text{位数 4 の群} \begin{cases} \text{巡 回 群} \\ \text{Klein 群} \end{cases}$$

Klein 群の具体例はたくさんある.

これを平面上の変換で示せば

    e：不動

    p：x 軸についての対称移動

    q：y 軸についての対称移動

    r：原点についての対称移動（角 π の回転）

の集合である.

$$\mathrm{K}_1 = \{e, p, q, r\}$$

どの対称移動も 2 回くり返すと, 平面上の点はもとへもどるから

$$p^2=e, \quad q^2=e, \quad r^2=e$$

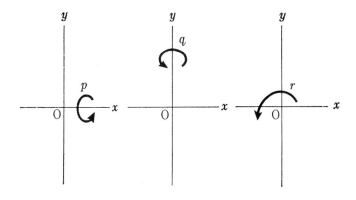

$a \times b$ の表

b ＼a	e	p	q	r
e	e	p	q	r
p	p	e	r	q
q	q	r	e	p
r	r	q	p	e

x 軸について対称に移してから原点について対称に移しても，また
さきに原点について対称に移し，あとで x 軸について対称に移しても，
結果は y 軸についての対称と同じだから

$$pr = rp = q$$

同様の理由で

$$pq = qp = r, \quad qr = rq = p$$

これだけのことがわかれば，K_1 の合成表がえられる．

Klein 群を置換で表わす1つの方法は，原点Oを中心とする長方形
abcd に，移動

$$e, \ p, \ q, \ r$$

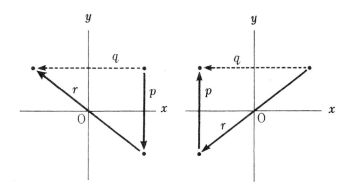

を行なってみる方法である.

　　移動 *p* によって a と b, c と d はいれかわり,

　　移動 *q* によって a と d, b と c がいれかわる.

　　移動 *r* によって a と c, b と d がいれかわる.

そこで, 次の対応をつける.

　　　　　e～*e*

　　　　　p～(a b)(c d)

　　　　　q～(a d)(b c)

　　　　　r～(a c)(b d)

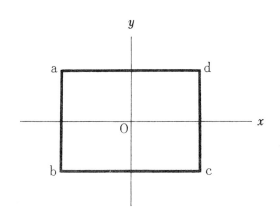

これで Klein 群の第2の具体例

$$K_2 = \{e, \, (a\,b)\,(c\,d), \, (a\,d)\,(b\,c), \, (a\,c)\,(b\,d)\}$$

ができた.

　長方形の代りにひし形を用いると，見かけのちがった他の置換群になるが，これも Klein 群と同型である.

$$K_3 = \{e, \, (a\,c), \, (b\,d), \, (a\,c)\,(b\,d)\}$$

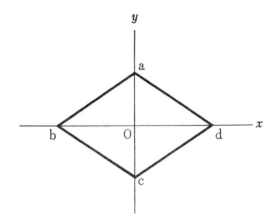

　こんどは見方をかえ，平面上の変換 K_1 を，Descartes 座標を用いて表わしてみよう.

$$\begin{cases} x'=x \\ y'=y \end{cases} \quad \begin{cases} x'=x \\ y'=-y \end{cases} \quad \begin{cases} x'=-x \\ y'=y \end{cases} \quad \begin{cases} x'=-x \\ y'=-y \end{cases}$$

さらにマトリックスで表わすと

$$\begin{pmatrix} x' \\ y' \end{pmatrix} = \begin{pmatrix} 1 & 0 \\ 0 & 1 \end{pmatrix} \begin{pmatrix} x \\ y \end{pmatrix} \quad\quad \begin{pmatrix} x' \\ y' \end{pmatrix} = \begin{pmatrix} 1 & 0 \\ 0 & -1 \end{pmatrix} \begin{pmatrix} x \\ y \end{pmatrix}$$

$$\begin{pmatrix} x' \\ y' \end{pmatrix} = \begin{pmatrix} -1 & 0 \\ 0 & 1 \end{pmatrix} \begin{pmatrix} x \\ y \end{pmatrix} \quad\quad \begin{pmatrix} x' \\ y' \end{pmatrix} = \begin{pmatrix} -1 & 0 \\ 0 & -1 \end{pmatrix} \begin{pmatrix} x \\ y \end{pmatrix}$$

そこで，マトリックスの集合

$$K_4=\left\{\begin{pmatrix}1&0\\0&1\end{pmatrix},\begin{pmatrix}1&0\\0&-1\end{pmatrix},\begin{pmatrix}-1&0\\0&1\end{pmatrix},\begin{pmatrix}-1&0\\0&-1\end{pmatrix}\right\}$$

を作ると, これは乗法に関して群をなし, Klein 群の別の表現になる.

ここまでくれば, 1次の分数関数

$$w=\frac{az+b}{cz+d}$$

で, Klein 群をなすものがあるだろうかという疑問をもつだろう. それはたくさんある. その作り方は省いて一例をあげると

$$K_5=\left\{z,\ -z+1,\ \frac{-z}{z+1},\ \frac{-z+1}{z+1}\right\}$$

▨ **Klein 群と多面体** ▨

平面上の変換 K_1 は, z 軸を追加して立体的にみると

　　　E：不動

　　　P：x 軸のまわりの角 π の回転

　　　Q：y 軸のまわりの角 π の回転

　　　R：z 軸のまわりの角 π の回転

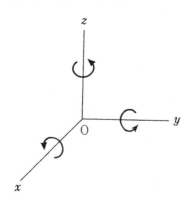

となることはたやすく知られよう．

そこで，また，Klein 群の別の表現として

$$K_6 = \{E, P, Q, R\}$$

がえられた．

さて，これを立体と関連させて，置換にかえるにはどうすればよいだろうか．

立体幾何の問題に

「正四面体の3組の対辺を結ぶ線分は1点で交わり，しかも直交し，互いに他を2等分する」

というのがある．

この証明はそうむずかしくない．正四面体と立方体との関係を見れば，容易にわかることである．

立方体の8つの頂点から，次のページの上の図のように4つの頂点を選んでみよ．正四面体ができる．そして，辺の長さはもとの立方体の各面の対角線の長さに等しい．

この正四面体で，対辺の中点を通る直線を座標軸にとり，空間における変換 K_6 を行なうと，正四面体は回転して自分自身に重なる．そのときの頂点の移動をみると

$$E \sim e \ (不動)$$
$$P \sim (a\,b)(c\,d)$$
$$Q \sim (a\,d)(b\,c)$$
$$R \sim (a\,c)(b\,d)$$

この群は K_2 と全く同じもの．

立方体の各面の中心を結ぶと正八面体ができるから，空間の変換 K_6

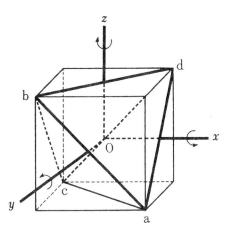

は，正八面体の頂点の置換にかえることもできる.

　正八面体の頂点は，2つずつ座標軸上にあるから，それを x, x′, y, y′, z, z′ で表わしてみよう．そうすれば，変換 K_6 は次のような置換にかえられる.

　　　　$E \sim e$（不動）

　　　　$P \sim (y\,y')(z\,z')$

　　　　$Q \sim (z\,z')(x\,x')$

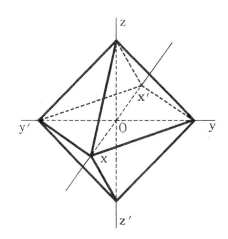

$$R \sim (x\ x')(y\ y')$$

ここで作った集合

$$K_7 = \{e, (y\ y')(z\ z'), (z\ z')(x\ x'), (x\ x')(y\ y')\}$$

も，Klein 群の別表現である．

▨ Klein 群と条件文 ▨

　条件文の変換にはいる前に，平面上の変換 K_1 を Gauss 平面上で考えてみると，x 軸についての対称移動 p は関数 $w = \bar{z}$ で，原点についての対称移動 r は関数 $w = -z$ で，y 軸についての対称移動 q は関数 $w = -\bar{z}$ で表わされる．

　そこで K_1 の別表現として，群

$$K_8 = \{z, \bar{z}, -z, -\bar{z}\}$$

がえられる．

　いろいろの例をあげてきたが，Klein 群の構造をもっともハッキリと浮び上がらせてくれるのが，K_3 や K_8 であろう．

　要するに Klein 群は，2 つのもの m, n と，それらをかけた mn に，単位元 e を加えて作ることのできるものである．

$$K = \{e, m, n, mn\}$$

そして m と n は**交換可能**で

$$mn = nm \qquad\qquad ①$$

また，m, n は 2 度くり返すと単位元 e になる．

$$m^2 = e, \quad n^2 = e \qquad\qquad ②$$

①と②を用いると，mn も 2 度くり返せば単位元 e になることが導か

れる.

$$(mn)^2 = mnmn = mmnn = ee = e$$

だから, このような 性質 を備えたものを4つ 集めればいつでも,
Klein 群ができるのである.

そのような例として, 条件文

$$f(A,\ B) = A \to B$$

の変換が頭に浮ぶだろう.

逆命題を作る操作は A, B をいれかえるもので, この操作を m とす
ると

$$m : f(A,\ B) \longrightarrow f(B,\ A)$$

裏命題を作る操作は A, B をその否定命題でおきかえるもので, こ
れを n とすると

$$n : f(A,\ B) \longrightarrow f(\bar{A},\ \bar{B})$$

対偶命題を作る操作は, 上の2つの操作を組み合わせたものだから,
mn とも, nm とも表わされる.

$$mn(=nm) : f(A,\ B) \longrightarrow f(\bar{B},\ \bar{A})$$

そこで, 無操作を不変と呼ぶことにすると

$$K_9 = \{\textbf{不変, 逆, 裏, 対偶}\}$$

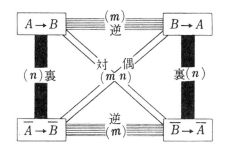

は，Klein 群をなす．

　以上の変換は，条件文に限らず，一般に2変数の論理式 $f(A, B)$ に行ないうる変換である．

　論理式では，以上のほかに，次のような変換を選ぶこともできる．

e：不変

m：全体の否定　$f(A, B, C) \rightarrow \overline{f(A, B, C)}$

n：各変数の否定　$f(A, B, C) \rightarrow f(\overline{A}, \overline{B}, \overline{C})$

mn：全体を否定し，さらに各変数も否定

$$f(A, B, C) \longrightarrow \overline{f(\overline{A}, \overline{B}, \overline{C})}$$

　以上の4つも群をなし，Klein 群と同じもの．この群は心理学者の Piaget が，子供の論理的思考を調査したとき分析の手がかりにしたものである．彼の研究によると，11, 12才の子供の知性の形成にとって，これらの変換の認識は重要なものだという．

　この変換は彼の名をとり，**ピアジェ** (Piaget) **変換群**ともいう．

Piaget
(スイス 1896〜1980)

　Piaget は全体の否定 m を鏡像，各変数の否定 n を双対変換，両者の合成 mn を相関変換と呼んだ．

$K_{10} = \{$**不変，鏡像，双対，相関**$\}$

　これらの変換は，全称命題，特称（存在）命題にもほどこしうる．そのほうが本質的で，実感も強い．

〈もとの命題〉

$\forall x A(x)$　すべての x は A である．

　鏡像変換を行なうと

$$\overline{\forall x A(x)} = \exists x \overline{A(x)} \quad \text{ある } x \text{ は } A \text{ でない.}$$

双対変換を行なうと

$$\forall x \overline{A(x)} \quad \text{すべての } x \text{ は } A \text{ でない.}$$

相関変換を行なうと

$$\overline{\forall x \overline{A(x)}} = \exists x A(x) \quad \text{ある } x \text{ は } A \text{ である.}$$

〈もとの命題〉

$$\exists x A(x) \quad \text{ある } x \text{ は } A \text{ である.}$$

鏡像変換を行なうと

$$\overline{\exists x A(x)} = \forall x \overline{A(x)} \quad \text{すべての } x \text{ は } A \text{ でない.}$$

双対変換を行なうと

$$\exists x \overline{A(x)} \quad \text{ある } x \text{ は } A \text{ でない.}$$

相関変換を行なうと

$$\overline{\exists x \overline{A(x)}} = \forall x A(x) \quad \text{すべての } x \text{ は } A \text{ である.}$$

だいぶ長くなった. これらの具体例をみて, 群に対する関心が増せば幸いである.

◉ 練 習 問 題 (9) ◉

50. 次の集合は, 5の倍数を無視する乗法, すなわち

$$a \times b \equiv c \quad (\text{mod } 5)$$

について群をなすか.

$$A = \{1, 2, 3, 4\}$$

51.　次の集合は，6 の倍数を無視する乗法，すなわち

$$a \times b \equiv c \qquad (\mathrm{mod}\, 6)$$

について群をなすか．

$$A = \{1, 2, 3, 4, 5\}$$

52.　整数の集合Aにおいて

(i)　$a \in A$ ならば $ka \in A$（k は任意の整数）

(ii)　$a \in A$, $b \in A$ ならば $a+b \in A$

　の性質が成り立つとき，次のことを順に証明せよ．ただしAは空集合ではないとする．

(1)　$a \in A$, $b \in A$ ならば $a-kb \in A$（k は任意の整数）

(2)　Aに属する正の整数のうち最小のものを m とすると，Aに属する任意の整数 a は m でわりきれる．

(3)　Aは m の倍数全体の集合である．

(4)　集合Aは加法について群をなす．

53.　1 の 5 乗根の集合は乗法に関して群をなすことを証明せよ．

54.　関数の合成は結合律をみたすことがわかっているとする．次の関数の集合は，それぞれ合成に関して群をなすか．

(1)　$\left\{ e(x)=x,\ f(x)=\dfrac{x+1}{x-1},\ g(x)=\dfrac{2x+1}{x-2},\ h(x)=\dfrac{3x-1}{x+3} \right\}$

(2)　$\left\{ e(x)=x,\ f(x)=\dfrac{4x+8}{-5x+8},\ g(x)=\dfrac{2x-8}{5x-2},\ h(x)=\dfrac{24x-24}{15x+12} \right\}$

(3)　$\left\{ e(x)=x,\ f(x)=\dfrac{x+2}{3x-1},\ g(x)=\dfrac{5x-4}{x-5},\ h(x)=\dfrac{x-2}{2x-1} \right\}$

$10.$ 置換と不変式・その応用

　2 回続けて群の実際例，とくに重要なものとして置換群を取扱ったので，ここではその応用を取りあげてみる．

▨ 対　称　式 ▨

　式と置換の間には，重要な関係がある．

　最初に 3 文字 a, b, c についての式と置換との関係をみよう．

　a, b, c についての置換は，全部で 6 つある．

$$\begin{pmatrix} a\,b\,c \\ a\,b\,c \end{pmatrix} \quad \begin{pmatrix} a\,b\,c \\ b\,c\,a \end{pmatrix} \quad \begin{pmatrix} a\,b\,c \\ c\,a\,b \end{pmatrix}$$

$$\begin{pmatrix} a\,b\,c \\ b\,a\,c \end{pmatrix} \quad \begin{pmatrix} a\,b\,c \\ c\,b\,a \end{pmatrix} \quad \begin{pmatrix} a\,b\,c \\ a\,c\,b \end{pmatrix}$$

　はじめの置換は恒等置換であるから e で表わし，残りは巡回置換の略記法によると

$$e \qquad (a\,b\,c) \qquad (a\,c\,b)$$

$$(a\,b) \qquad (a\,c) \qquad (b\,c)$$

これらの全体は群をなし，**3 次対称群**と呼ばれている．

　このうち，上段の 3 つは部分群をなし，**3 次交代群**と呼ばれている．

　a, b, c についての式は，一般には置換を行なえばかわる．

　たとえば

$$(a+b)(a+c)-c^2 \tag{①}$$

に置換 $(a\,b\,c)$ を行なうと

$$(b+c)(b+a)-a^2 \tag{②}$$

さらに同じ置換を行なうと

$$(c+a)(c+b)-b^2 \tag{③}$$

　③を①とくらべてみると，①に置換 $(a\,c\,b)$ を行なったものが③で

ある．そして，このときの置換 $(a\,c\,b)$ は $(a\,b\,c)$ を 2 つ合成したもの
になっている．すなわち

$$(a\,c\,b)=(a\,b\,c)(a\,b\,c)$$

③に $(a\,b\,c)$ をもう 1 回行なうと，完全に①にもどる．これは

$$(a\,b\,c)(a\,b\,c)(a\,b\,c)=e$$

となるからである．

①は置換 $(a\,b\,c)$ によってかわる式であったが，式にはこの置換に
よってかわらないものもある．

たとえば

$$(a+c)(b+c)$$

は $(a\,b\,c)$ を行なうとかわるが，$(a\,b)$ を行なってもかわらない．

また

$$(a-b)(a-c)(b-c)$$

は，$(a\,b\,c)$ を行なってもかわらないが，$(a\,b)$ を行なうとかわる．

多項式

$$a^3+b^3+c^3-3abc$$

は，a, b, c についてのどんな置換を行なってもかわらない．

> このように，3 文字 a, b, c についてのどんな置換を行なって
> もかわらない多項式を a, b, c についての**対称式**という．

高校では，a と b，a と c，b と c をいれかえてもかわらない式と書い
た本が多いが，本質においてかわりはない．

なぜかというに，a, b, c についてのすべての置換は互換で表わされ

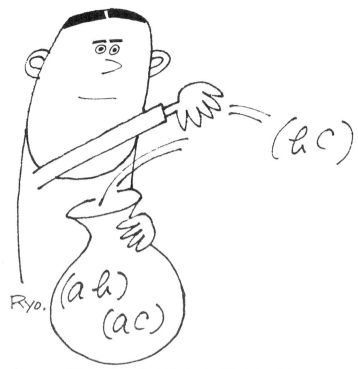

対称式かどうか調べるのに，これはいらぬ．ポイ

るからである．

$$(a\,b\,c)=(a\,b)(a\,c) \quad (a\,c\,b)=(a\,c)(a\,b)$$

　なお，対称式かどうかを調べる方法としては，高校の定義でも，まだムダがある．実際は

　　　　a と b，　a と c

をいれかえてみてかわらない式なら，対称式である．

　なぜかというに，a, b, c についての互換のうち $(b\,c)$ は他の互換

$(a\,b)$, と $(a\,c)$ で表わされるからである．

　すなわち

$$(b\,c) = (a\,b)(a\,c)(a\,b)$$

$$(b\,c) = (c\,b) = (a\,c)(a\,b)(a\,c)$$

$(a\,b)$ を行なっても，$(a\,c)$ を行なってもかわらないとすれば $(a\,b)$, $(a\,c)$, $(a\,b)$ を続けて行なってもかわらないから，結局 $(b\,c)$ を行なってもかわらないことになる．

　以上のことから，4 文字の場合は予想がつくことと思う．

> 　a, b, c, d についてのどんな置換を行なってもかわらない多項式を a, b, c, d についての**対称式**という．

　a, b, c, d についての対称式かどうかを確かめるには，3 つの置換

$$(a\,b)　(a\,c)　(a\,d)$$

についてかわるかどうかをみればよい．この 3 つの置換でかわらない式は対称式である．

▨ 不変式と 3 次方程式の解法 ▨

　ある置換を行なってもかわらない式を，その置換についての**不変式**という．

　3 次方程式，4 次方程式の解き方は，古くからいろいろ研究されているが，それらのうちで，数学的に興味のあるのは置換についての不変式を応用するものであろう．

　この方法は発展的で，5 次方程式が代数的に解けないことの証明へ

つながっている.

　一般の3次方程式

$$x^3+ax^2+bx+c=0$$

は $x=y-\dfrac{a}{3}$ とおくことによって

$$y^3+py+q=0$$

の形にかえられるから，この解き方を検討したので十分である.

　この3根を α, β, γ とおくと，根と係数の関係から

$$\alpha+\beta+\gamma=0 \qquad\qquad ①$$
$$\beta\gamma+\gamma\alpha+\alpha\beta=p$$
$$\alpha\beta\gamma=-q$$

　1の虚立方根の1つを ω とする. ω について

$$\omega^3=1, \quad \omega^2+\omega+1=0$$

となることは説明するまでもなかろう.

　いま，α, β, γ についての多項式

$$f=\alpha+\omega\beta+\omega^2\gamma \qquad\qquad ②$$
$$g=\alpha+\omega^2\beta+\omega\gamma \qquad\qquad ③$$

を考え，f^3, g^3 に置換 (α, β) を行なってみると

$$(\beta+\omega\alpha+\omega^2\gamma)^3$$
$$=(\omega\alpha+\omega^3\beta+\omega^2\gamma)^3$$
$$=\omega^3(\alpha+\omega^2\beta+\omega\gamma)^3$$
$$=(\alpha+\omega^2\beta+\omega\gamma)^3=g^3$$
$$(\beta+\omega^2\alpha+\omega\gamma)^3=f^3$$

　すなわち，置換 $(\alpha\,\beta)$ によって f^3 と g^3 はいれかわる. 同様のこと

３次方程式の解法！　オメガーの偉力をかりる.

は，置換 $(\alpha\gamma)$ についても成り立つことがたやすくわかる.

したがって，f^3, g^3 についての対称式

$$f^3+g^3, \quad f^3g^3$$

を作れば，これらは置換 $(\alpha\beta), (\alpha\gamma)$ についての不変式，すなわち α, β, γ についての対称式であることがわかる.

ところが α, β, γ についての対称式は，基本対称式

$$\alpha+\beta+\gamma, \quad \beta\gamma+\gamma\alpha+\alpha\beta, \quad \alpha\beta\gamma$$

についての多項式で表わされることが知られている. したがって f^3+

g^3, $f^3 g^3$ は p, q の多項式で表わされることがわかる.

それを実際に導いてみる.

$$f^3 + g^3 = (f+g)(f+\omega g)(f+\omega^2 g)$$

ところが

$$f + g = 2\alpha + (\omega + \omega^2)(\beta + \gamma)$$
$$= 2\alpha + (-1)(-\alpha) = 3\alpha$$

同様にして

$$f + \omega g = 3\omega^2 \gamma$$
$$f + \omega^2 g = 3\omega \beta$$
$$\therefore\ f^3 + g^3 = 3\alpha \cdot 3\omega^2 \gamma \cdot 3\omega \beta$$
$$= 27\alpha\beta\gamma = -27q$$

次に

$$fg = (\alpha + \omega\beta + \omega^2\gamma)(\alpha + \omega^2\beta + \omega\gamma)$$
$$= \alpha^2 + \beta^2 + \gamma^2 - \beta\gamma - \gamma\alpha - \alpha\beta$$
$$= (\alpha + \beta + \gamma)^2 - 3(\beta\gamma + \gamma\alpha + \alpha\beta)$$
$$= -3p$$
$$f^3 g^3 = -27p^3$$

ここまでくれば, 3次方程式は解けたようなものである. f^3, g^3 は, 和が $-27q$, 積が $-27p^3$ だから, 2次方程式

$$t^2 + 27qt - 27p^3 = 0$$

の2根である.

$$t = \frac{-27q \pm 3\sqrt{3(27q^2 + 4p^3)}}{2}$$

この2根を t_1, t_2 とすると

$$f^3 = t_1, \quad g^3 = t_2$$

t_1, t_2 の 3 乗根の 1 つをそれぞれ k_1, k_2 とすれば

$$f = k_1, \ \omega k_1, \ \omega^2 k_1$$

$$g = k_2, \ \omega k_2, \ \omega^2 k_2$$

これらの値を②, ③に代入し, ①と組合わせて解けば α, β, γ が求められる.

$$\begin{cases} \alpha + \beta + \gamma = 0 \\ \alpha + \omega\beta + \omega^2\gamma = f \\ \alpha + \omega^2\beta + \omega\gamma = g \end{cases}$$

f, g の値の組合わせは 9 通りあるが, 根の順序をかえたものがえられるに過ぎないから, 結局

$$\begin{cases} \alpha + \beta + \gamma = 0 \\ \alpha + \omega\beta + \omega^2\gamma = k_1 \\ \alpha + \omega^2\beta + \omega\gamma = k_2 \end{cases}$$

を解いたので十分. これを α, β, γ について解いて

$$\begin{cases} \alpha = \dfrac{k_1 + k_2}{3} \\[2mm] \beta = \dfrac{\omega^2 k_1 + \omega k_2}{3} \\[2mm] \gamma = \dfrac{\omega k_1 + \omega^2 k_2}{3} \end{cases}$$

この方法で, たとえば

$$3x^3 - 2x + 1 = 0$$

を解いてみる. $p = -\dfrac{2}{3}, \ q = \dfrac{1}{3}$

$$f^3 + g^3 = -9, \quad f^3 g^3 = 8$$

$$\therefore \ f^3 = -1, \quad g^3 = -8$$

$$f=-1, \ g=-2$$

$k_1=-1, \ k_2=-2$ とおいて

$$\alpha=-1, \ \beta=\frac{3-\sqrt{3}\,i}{6}, \ \gamma=\frac{3+\sqrt{3}\,i}{6}$$

▨ 不変式と4次方程式の解法 ▨

4次方程式

$$x^4+px^3+qx^2+rx+s=0 \tag{①}$$

の解き方を考えてみる.

この方程式は

$$(x^2+mx+n)(x^2+m'x+n')=0 \tag{②}$$

のように因数分解できれば成功する. それには m, n, m', n' がわかればよい. ところが②から

$$\text{(A)} \begin{cases} m+m'=p \\ n+n'+mm'=q \\ mn'+m'n=r \\ nn'=s \end{cases}$$

だから, もし n, n' がわかれば, m, m' はたやすくわかる. そこで結局 n, n' を求めることを考えればよいことがわかった.

$nn'=s$ だから $n+n'$ がわかれば n, n' は求められる.

  $x^2+mx+n=0$ の2根を x_1, x_2

  $x^2+m'x+n'=0$ の2根を x_3, x_4

とおいてみると

$$n+n'=x_1x_2+x_3x_4$$

よって, $x_1x_2+x_3x_4$ の値がわかればよい.

この式に, 4文字1, 2, 3, 4についての置換の基礎になる3つ互換

$$(1\ 2)\quad(1\ 3)\quad(1\ 4)\qquad\qquad\text{③}$$

を行なってみると, 3つの式

$$\alpha = x_1x_2+x_3x_4$$

$$\beta = x_1x_3+x_2x_4$$

$$\gamma = x_1x_4+x_2x_3$$

がえられる.

しかも注目すべきことは, これらの3式に③の置換を行なっても, 一部分がいれかわるに過ぎないことである.

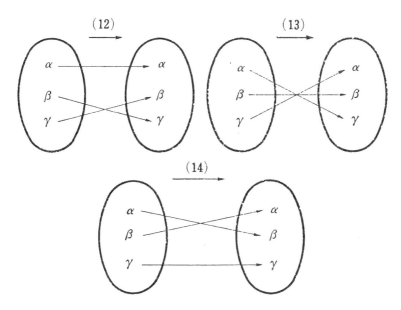

以上のことから, α, β, γ についての対称式は③の置換によってかわらないこと, すなわち x_1, x_2, x_3, x_4 についての対称式であることがわかる.

$$\alpha+\beta+\gamma$$

$$\beta\gamma+\gamma\alpha+\alpha\beta$$

$$\alpha\beta\gamma$$

が x_1, x_2, x_3, x_4 の対称式であるとすると，これの 4 文字の基本対称式

$$x_1+x_2+x_3+x_4 \ (=-p)$$

$$x_1x_2+x_1x_3+\cdots+x_3x_4(=q)$$

$$x_1x_2x_3+\cdots+x_2x_3x_4 \ (=-r)$$

$$x_1x_2x_3x_4 \ (=s)$$

の有理式で表わされるから，p, q, r, s の有理式になる．それらの式を a, b, c とすると

$$\begin{cases} \alpha+\beta+\gamma=a \\ \beta\gamma+\gamma\alpha+\alpha\beta=b \\ \alpha\beta\gamma=c \end{cases}$$

これから先は予想がつくだろう．

α, β, γ は 3 次方程式

$$t^3-at^2+bt-c=0$$

の根だから，これを解くことによって求められる．

その 1 根 α を利用することによって①は②に因数分解され，①は解かれることになる．

a, b, c を p, q, r で表わした式を求めてみると

$$a=q$$

$$b=pr-4s$$

$$c=p^2s+r^2-4qs$$

実例として

$$x^4 - 3x^3 + 6x^2 - 5x + 3 = 0$$

を解いてみる.

$$p = -3, \ q = 6, \ r = -5, \ s = 3$$

$$\therefore \ a = 6, \ b = 3, \ c = -20$$

よって α は

$$t^3 - 6t^2 + 3t + 20 = 0$$

の根. これを解くと 1 根は 4 だから

$$n + n' = 4, \ nn' = 3$$

$$\therefore \ n = 3, \ n' = 1$$

これを198ページの (A) に代入して m, m' について解けば

$$m = -2, \ m' = -1$$

よって, もとの 4 次方程式は

$$(x^2 - 2x + 3)(x^2 - x + 1) = 0$$

と分解されて

$$x = 1 \pm \sqrt{2}\, i, \ \ x = \frac{1 \pm \sqrt{3}\, i}{2}$$

▨ 存在の証明と存在するものの求め方 ▨

　以上のように 3 次方程式, 4 次方程式の解き方を置換によって調べる方法は, どちらかといえば

　　　　代数的に解くことの可能性

すなわち

　　　　代数的解の存在性

に重きを置いたものであって，実際に解を求める方法として秀れているわけではない．

　もっとも，上の証明は，読者の予備知識を最少にとどめたいために，古典的方法とモダンな方法とをチャンポンにしたから，存在性の証明として，必ずしもスッキリしたものではない．

　一般に，数学における「存在の証明」と「その存在するものを実際に求める方法」とは必ずしも一致しない．「求める方法」は見通しが悪く，理論的考察に不適当なことが多いからであろう．

→**注1**　3次方程式をとにかく解きたいというのであれば，なにも先のように置換など持ち出さなくてよい．

　　高校生にも簡単にわかる方法としては

$$a^3+b^3+c^3-3abc=0$$

の左辺を因数分解した式の応用が考えられる．

　a, b, c をそれぞれ x, a, b でおきかえ

$$x^3+a^3+b^3-3abx=0 \qquad ①$$

　　この式は

$$(x+a+b)(x+\omega a+\omega^2 b)(x+\omega^2 a+\omega b)=0$$

と左辺が因数分解される．

　　したがって，　3次方程式がもし，①の形に書きかえられるならば，

$$x=-a-b,\ -\omega a-\omega^2 b,\ -\omega^2 a-\omega b \qquad ②$$

となって根は求められる．

　　ところで3次方程式

$$x^3+px+q=0$$

を①とくらべてみると

$$-3ab = p, \quad a^3 + b^3 = q$$

$$\therefore \ a^3 b^3 = -\frac{p^3}{27}, \quad a^3 + b^3 = q$$

これを解いて a, b を求め，それを②に代入すればよい．

→注2　4次方程式を解くときに用いた3つの式

$$\alpha = x_1 x_2 + x_3 x_4$$

$$\beta = x_1 x_3 + x_2 x_4$$

$$\gamma = x_1 x_4 + x_2 x_3$$

は，いずれも3つの置換

$$(1\ 2)(3\ 4), \quad (1\ 3)(2\ 4), \quad (1\ 4)(2\ 3)$$

を行なってもかわらない．この置換 e に恒等置換を加えたものが Klein 群であった．したがって α, β, γ は Klein 群の置換を行なってもかわらない式であることがわかる．

　Klein 群は4文字の置換群では重要な部分群であるから，4次方程式の代数的解の存在は，4文字の置換群と密接な関係のあることが予想されよう．

　実際3次方程式，4次方程式の代数的解の存在は，それぞれ3文字，4文字の置換群の構造と関係がある．

　また5次の方程式に代数的解の存在しないことは，5文字の置換群の構造に関係がある．

◉ 練 習 問 題 (10) ◉

55.　3次方程式

$$x^3 - 3x^2 + 9x - 9 = 0$$

を，次の順に解け．

(1)　2 次の項のない方程式 $y^3+\square y+\square=0$

(2)　3 次方程式

$$y^3-3aby+a^3+b^3=0 \quad (a, b \text{ は実数}) \qquad ①$$

とくらべて，a, b についての連立方程式

$$ab=\square \qquad a^3+b^3=\square$$

を作り，a, b の値を求める．

(3)　①の根は

$$y=-a-b, \ -a\omega-b\omega^2, \ -a\omega^2-b\omega$$

であることから y を求める．

(4)　その y をもとにして x を求める．

56.　$f(x)=(x-a)(b-c)+(x-b)(c-a)$

この式に，次の置換を行なうとき，この式をかえないのはどれか．

$$P=(a\,b), \ Q=(a\,c), \ R=(b\,c)(x\,a), \ S=(a\,b\,c)$$

57.　次の式に前問の置換 P, Q, S を行なう．

(1)　次の式を全くかえないものはどれか．

(2)　次の式の符号だけをかえるのはどれか．

$$f(a, b, c)=a^2(b-c)+b^2(c-a)+c^2(a-b)$$

58.　4 次方程式のうち

$$ax^4+bx^3+cx^2+bx+a=0 \qquad ①$$

の形のものを**相反方程式**という．

(1)　α が①の根ならば $\dfrac{1}{\alpha}$ も①の根であることを証明せよ．

(2)　①は $x+\dfrac{1}{x}=y$ とおくことによって，y についての 2 次方程式にかえられることを示せ．

(3)　(2)の方法によって，$x^5=1$ の虚根をすべて求めよ．

(4)　5 次の相反方程式は，-1 を必ず根にもつことを証明せよ．

(5)　以上の知識にもとづいて，次の相反方程式を解け．

$$x^5-4x^4+3x^3+3x^2-4x+1=0$$

11. 非調和比と置換群

　高校の教科書の問題によくみられるし，また入試にも度々出題され
た**非調和比**

$$\frac{x_1-x_3}{x_1-x_4}:\frac{x_2-x_3}{x_2-x_4}$$　　　　　①

は，大変興味の深いもので，いろいろの側面から眺めることができる.
今回は主として，置換との関係にライトをあててみよう.

　x_1, x_2, x_3, x_4 は実数でも，複素数でもよい．もっと一般に任意の体
の元でよいが，そこまで考えて話をむずかしくすることもなかろう.
複素数を表わすと思って，気楽に読んで頂けば十分である.

　x_1, x_2, x_3, x_4 が実数のときは， 4点 A, B, C, D の

```
    A           B   C       D
────┼───────────┼───┼───────┼───── x
    x₁          x₂  x₃      x₄
```

座標とみると，有向線分 CA, DA, CB, DB の比の比

$$\frac{\text{CA}}{\text{DA}}:\frac{\text{CB}}{\text{DB}}$$

と同じ．書きかえると

$$\frac{\text{AC}}{\text{AD}}:\frac{\text{BC}}{\text{BD}}$$

比の比だから，比がダブッテいるというわけで**複比**ともいう.

　非調和比①は， x_1, x_2, x_3, x_4 の関数なので， 関数記号を用い $f(x_1,$
$x_2, x_3, x_4)$ と表わされるが，どういうわけか記号

　　　$[x_1\ x_2\ x_3\ x_4]$

を用いることが多いから，この習慣に従っておこう.

$$[x_1\ x_2\ x_3\ x_4]=\frac{x_1-x_3}{x_1-x_4}:\frac{x_2-x_3}{x_2-x_4}$$　　　　②

この式の値は，4文字 x_1, x_2, x_3, x_4 の置換によってどのようにかわるかを見るのが，これからの話の概要である．この4文字の置換は，サヒックスの数字

1, 2, 3, 4

の置換できまるから，表現を簡単にするために，この置換を用いることにしよう．

4文字の置換は全部で

4! = 24

もあるのだから，これらをいちいち①に試みたのではたまらない．

4文字の置換全体は群をなし，**4次対称群**と呼ばれている．この群の構造を明らかにし，それをうまく利用して，能率的に，エレガントに調べる．そこに数学のよさがある．群論の大きな使命は，そういうところにあるのだと思う．

4次対称群の部分群で非常に重要なのは，偶数個の互換で合成される置換，すなわち**4次交代群**と，位数4の群（168ページ）で調べた Klein 群である．ここではとくに Klein 群が重要である．

4次の対称群 S_4 は，3次の対称群 S_3

$$S_3 = \{e', (1\ 2), (1\ 3), (2\ 3), (1\ 2\ 3), (1\ 3\ 2)\}$$

の各元に，Klein 群

$$K = \{e, (2\ 3)(1\ 4), (3\ 1)(2\ 4), (1\ 2)(3\ 4)\}$$

の各元を合成して作られる．

このことは，正四面体の合同変換でみれば，たやすく予想がつくだろう．

　4文字1，2，3，4についての置換は，4つの頂点が1，2，3，4の正四面体の合同変換で表わされる．それらのち，頂点4をかえない合同変換を表わすのがS_3の置換で，これに Klein 群の置換で表わされる合同変換を行なうと，すべての合同変換がえられるのである．

　参考のため，S_3とKの元の合成を表にまとめておこう．

K	(1 2)K	(2 3)K	(1 3)K	(1 2 3)K	(1 3 2)K
e	(1 2)	(2 3)	(1 3)	(1 2 3)	(1 3 2)
(2 3)(1 4)	(1 3 2 4)	(1 4)	(1 2 3 4)	(1 3 4)	(1 2 4)
(3 1)(2 4)	(1 4 2 3)	(1 3 4 2)	(2 4)	(1 4 2)	(2 3 4)
(1 2)(3 4)	(3 4)	(1 2 4 3)	(1 4 3 2)	(2 4 3)	(1 4 3)

　K，(1 2)K，(2 3)K，…には共通な元がない．S_4をこのとき，次のように和の形の式で表わすのが慣例である．

　　$S_4 = K + (1\ 2)K + (2\ 3)K + (1\ 3)K + (1\ 2\ 3)K + (1\ 3\ 2)K$

　さて，②に4文字の置換を行なうわけであるが，それは②の式のままで試みるよりも，次のように書きかえてみると，断然，見通しがよくなる．

$$[x_1\ x_2\ x_3\ x_4] = \frac{(x_1-x_3)(x_2-x_4)}{(x_1-x_4)(x_2-x_3)} = \frac{(x_1 x_2 + x_3 x_4) - (x_1 x_4 + x_2 x_3)}{(x_1 x_2 + x_3 x_4) - (x_1 x_3 + x_2 x_4)}$$

　これをみると，Klein 群となじみの深い3つの式がある．(191, 195 ページを参照) そこで

　　$\alpha = x_2 x_3 + x_1 x_4$

　　$\beta = x_3 x_1 + x_2 x_4$

　　$\gamma = x_1 x_2 + x_3 x_4$

とおき，もとの式を z で表わせば

$$[x_1\,x_2\,x_3\,x_4]=\frac{\gamma-\alpha}{\gamma-\beta}=z \qquad ③$$

　ためしてみればわかるように，3つの式 α,β,γ は Klein 群のどの置換を行なってもかわらない．つまり α,β,γ は Klein 群についての不変式である．

　では，その他の置換についてはどうか．S_4 のうち S_3 に属する置換を行なってみる．

　たとえば (1 2) によって，α は β に，β は α にかわり，γ はかわらないから，(1 2) によって置換 $(\alpha\ \beta)$ がひき起こされる．

　同様にして，(2 3), (1 3), (1 2 3), (1 3 2) によって，3式 α,β,γ についての置換 $(\beta\ \gamma)$, $(\alpha\ \gamma)$, $(\alpha\ \beta\ \gamma)$, $(\alpha\ \gamma\ \beta)$ がひき起こされる．

　これを表にまとめておく．

1, 2, 3 の置換	α,β,γ の置換
e (恒等置換)	ε (恒等置換)
(1 2)……………………$(\alpha\ \beta)$	
(2 3)……………………$(\beta\ \gamma)$	
(1 3)……………………$(\alpha\ \gamma)$	
(1 2 3)…………………$(\alpha\ \beta\ \gamma)$	
(1 3 2)…………………$(\alpha\ \gamma\ \beta)$	

　置換 (1 2) によって置換 $(\alpha\ \beta)$ が起き，Klein 群の置換によって α,β,γ はかわらないとすると

　　　　(1 2)K

に属するどの置換によっても，置換 $(\alpha\ \beta)$ が起きることになる．

　他の場合も同様であるから，4文字 1, 2, 3, 4 のすべての置換に対応

して, 3 文字 α, β, γ の置換は, 次のように 4 対 1 の対応をなすことが知られよう.

$$1, 2, 3, 4 \text{ の置換} \qquad\qquad \alpha, \beta, \gamma \text{ の置換}$$

$$\text{K} \cdots\cdots\cdots\cdots\cdots\cdots\cdots \varepsilon$$
$$(1\ 2)\text{K} \cdots\cdots\cdots\cdots\cdots\cdots (\alpha\ \beta)$$
$$(2\ 3)\text{K} \cdots\cdots\cdots\cdots\cdots\cdots (\beta\ \gamma)$$
$$(1\ 3)\text{K} \cdots\cdots\cdots\cdots\cdots\cdots (\alpha\ \gamma)$$
$$(1\ 2\ 3)\text{K} \cdots\cdots\cdots\cdots\cdots\cdots (\alpha\ \beta\ \gamma)$$
$$(1\ 3\ 2)\text{K} \cdots\cdots\cdots\cdots\cdots\cdots (\alpha\ \gamma\ \beta)$$

準備ができたから, ここでいよいよ本番にはいる. 以上の置換によって, $\dfrac{\gamma-\alpha}{\gamma-\beta}=z$ はどのようにかわるだろうか.

K のどの置換によっても, z はかわらないことはあきらか.

$(1\ 2)$K の任意の置換によって置換 $(\alpha\ \beta)$ が起きるのだから, z は

$$\frac{\gamma-\beta}{\gamma-\alpha}=\frac{1}{z}$$

にかわる.

$(2\ 3)$K の任意の置換によって置換 $(\beta\ \gamma)$ が起きるのだから, z は

$$\frac{\beta-\alpha}{\beta-\gamma}=\frac{(\beta-\gamma)+(\gamma-\alpha)}{\beta-\gamma}=1+\frac{\gamma-\alpha}{\beta-\gamma}$$

$$=1-\frac{\gamma-\alpha}{\gamma-\beta}=1-z$$

にかわる.

$(1\ 2\ 3)$K の置換によって置換 $(\alpha\ \beta\ \gamma)$ が起きる. これを z に直接試みると

$$\frac{\alpha-\beta}{\alpha-\gamma}$$

となるが，これと z の関係をみるのはやっかい．

こういうときは，$(\alpha\ \beta\ \gamma)$ を互換に分解してみることである．

$$(\alpha\ \beta\ \gamma)=(\beta\ \gamma\ \alpha)=(\beta\ \gamma)(\beta\ \alpha)=(\beta\ \gamma)(\alpha\ \beta)$$

すなわち $(\beta\ \gamma)$ を行なったあとで $(\alpha\ \beta)$ を行なえばよい．

$$z \xrightarrow[(\beta\ \gamma)]{} 1-z \xrightarrow[(\alpha\ \beta)]{} \frac{1}{1-z}$$
$$\underline{\qquad (\alpha\ \beta\ \gamma)\qquad}\uparrow$$

結局 z は $\dfrac{1}{1-z}$ にかわる．

同様にして $(1\ 3\ 2)\mathrm{K}$ の置換によって z は

$$z \xrightarrow[(\alpha\ \beta)]{} \frac{1}{z} \xrightarrow[(\beta\ \gamma)]{} 1-\frac{1}{z}=\frac{z-1}{z}$$
$$\underline{\qquad(\alpha\ \gamma\ \beta)\qquad}\uparrow$$

とかわる．

最後に $(1\ 3)\mathrm{K}$ の置換の場合は置換 $(\alpha\ \gamma)$ が起きるが，

$$(\alpha\ \gamma)=(\beta\ \alpha)(\beta\ \gamma)(\beta\ \alpha)$$
$$=(\alpha\ \beta)(\beta\ \gamma)(\alpha\ \beta)$$

であるから，z は

$$z \xrightarrow[(\alpha\ \beta)]{} \frac{1}{z} \xrightarrow[(\beta\ \gamma)]{} \frac{z-1}{z} \xrightarrow[(\alpha\ \beta)]{} \frac{z}{z-1}$$
$$\underline{\qquad (\alpha\ \gamma)\qquad\qquad}\uparrow$$

以上で現われた 6 つの関数

$$\mathrm{F}=\left\{z,\ \frac{1}{z},\ 1-z,\ \frac{z}{z-1},\ \frac{1}{1-z},\ \frac{z-1}{z}\right\}$$

は，読者諸君になじみ深いものであろう．

この関数の集合は，関数の合成に関して群をなす．

$$f_0 = z, \qquad f_1 = \frac{1}{z}, \qquad f_2 = 1 - z,$$

$$f_3 = \frac{z}{z-1}, \qquad f_4 = \frac{1}{1-z}, \qquad f_5 = \frac{z-1}{z}$$

とおいてみると f_0 はあきらかに単位元で

$$f_1{}^2 = f_0, \quad f_2{}^2 = f_0, \quad f_3{}^2 = f_0$$

となる. なお

$$f_1 f_2 = f_1(f_2(z)) = f_1(1-z) = \frac{1}{1-z} = f_4$$

$$f_2 f_1 = f_2(f_1(z))$$

$$= f_2\left(\frac{1}{z}\right) = 1 - \frac{1}{z} = \frac{z-1}{z} = f_5$$

$$f_3 = f_1 f_2 f_1 = f_2 f_1 f_2$$

これらをもとにして, 次の合成表がえられる.

ab の 表

$\diagdown$ a b $\diagdown$	f_0	f_1	f_2	f_3	f_4	f_5
f_0	f_0	f_1	f_2	f_3	f_4	f_5
f_1	f_1	f_0	f_5	f_4	f_3	f_2
f_2	f_2	f_4	f_0	f_5	f_1	f_3
f_3	f_3	f_5	f_4	f_0	f_2	f_1
f_4	f_4	f_2	f_3	f_1	f_5	f_0
f_5	f_5	f_3	f_1	f_2	f_0	f_4

以上の具体例の中には, 群論のはじめに出てくる, いろいろな基本的概念がふくまれている.

その1つは同型ということで, 2つの集合 S_3 と F の元の間で

$$e \sim f_0, \quad (1\ 2) \sim f_1, \quad (2\ 3) \sim f_2, \quad (1\ 3) \sim f_3,$$

$$(1\ 2\ 3) \sim f_4, \quad (1\ 3\ 2) \sim f_5$$

と1対1に対応づければ1つの**同型対応**がえられる.

また S_4 の中の24個の置換を, 202ページにあげた表のように, 4つ ずつ, 6つのグループ

$$K, (1\ 2)K, (2\ 3)K, \cdots, (1\ 3\ 2)K$$

に分け, それぞれに

$$e, (1.2), (2\ 3), \cdots, (1\ 3\ 2)$$

を対応させると, S_4 の4つの置換と S_3 の1つとの置換とが対応する. このような対応を**準同型対応**という.

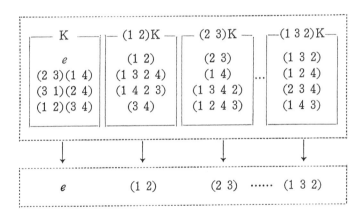

この準同型対応は, 群を相似に縮小するようなものである.

このような対応ができるのは

$$\{K, (1\ 2)K, (2\ 3)K, \cdots, (1\ 3\ 2)K\}$$

が, 群をなすためである.

たとえば, $(1\ 2)K$ の中の任意の置換と $(2\ 3)K$ の中の任意の置換 とを合成すると, $(1\ 3\ 2)K$ の中の置換に必ずなる.

　このようなとき (1 2)K と (2 3)K の積は (1 3 2)K になるとみる.
そうすれば, 上の集合は群をなす.

　このような群を**商群**といい S_4/K で表わすことは群論で習ったはず
である.

　この商群ができるためには, S_4 の部分群Kは, ある条件をみたさな
ければならない. それが**正規部分群**という概念なのである.

　Fの中の関数はすべて

$$w = f(z) = \frac{az+b}{cz+d} \quad (ad-bc \neq 0) \qquad ④$$

の形をしている.

　この形の1次関数が, 合成に関して群をなすことはたやすく知られ
る. それについては, 次の機会に考えることにして, ここでは, この
1次関数を決定するための対応値について考えてみたい.

　④には4つの係数 a, b, c, d があるが, これらの比が定まれば④の関
数は定まる. したがって④の関数を定めるには3つの方程式があれば
よい. つまり, z の3つの値に対応する w の値がわかれば, ④の関数
は定まる.

　そこで, $f_0, f_1, f_2, \cdots, f_5$ を定める対応値のうち, 最も簡単なものを
見つけてみよう.

　z を複素数の集合 C の元としよう.

　④で, z の任意の値に対応して w の値がつねに1つだけ定まるよう
にするには

$$z = -\frac{d}{c}$$

に対して w の値が 1 つ定まるようにしなければならない．そこで，複素数の集合 C に 1 つの数 ∞ を追加した集合 C_∞ を考え，$z=-\dfrac{d}{c}$ に対しては $w=\infty$ が対応すると定める．

一方，$z=\infty$ に対しては，$w=\dfrac{a}{c}$ を対応させることにきめる．

このような定め方が自然であることは④で

$$z \longrightarrow -\frac{d}{c}$$

とすると

$$|w| \longrightarrow \infty$$

となり

$$z \longrightarrow \infty$$

とすると

$$w=\frac{a+b/\infty}{c+d/\infty} \longrightarrow \frac{a}{c}$$

となることから，納得されよう．

このように定めた上で，C_∞ の中の 3 つの数

$$0 \quad \infty \quad 1$$

に目をつける．

関数 $f_1(z)=\dfrac{1}{z}$ によって，$z=0,\ \infty,\ 1$ には

$$f_1(0)=\infty,\ f_1(\infty)=0,\ f_1(1)=1$$

が対応する．すなわち f_1 には置換

$$\begin{pmatrix} 0 & \infty & 1 \\ \infty & 0 & 1 \end{pmatrix} \quad \text{すなわち } (0\ \infty)$$

が対応する．

関数 $f_2(z)=1-z$ では

$$f_2(0)=1,\ f_2(\infty)=\infty,\ f_2(1)=0$$

であるから，f_2 には置換

$$\begin{pmatrix} 0 & \infty & 1 \\ 1 & \infty & 0 \end{pmatrix} \quad \text{すなわち} \ (0\ 1)$$

が対応する．関数 $f_3(z)=\dfrac{z}{z-1}$ では

$$f_3(0)=0,\ f_3(\infty)=1,\ f_3(1)=\infty$$

であるから，置換

$$\begin{pmatrix} 0 & \infty & 1 \\ 0 & 1 & \infty \end{pmatrix} \quad \text{すなわち} \ (\infty\ 1)$$

が対応する．

以下同様にして $f_4(z)=\dfrac{1}{1-z}$ には置換 $(0\ 1\ \infty)$，$f_5(z)=\dfrac{z-1}{z}$ には置換 $(0\ \infty\ 1)$ が対応する．

最後に $f_0(z)=z$ に恒等置換 e が対応することは明らか．

以上をまとめると

$$\begin{array}{cccccc} f_0(z) & f_1(z) & f_2(z) & f_3(z) & f_4(z) & f_5(z) \\ | & | & | & | & | & | \\ e & (0\ \infty) & (0\ 1) & (\infty\ 1) & (0\ 1\ \infty) & (0\ \infty\ 1) \end{array}$$

要するに6つの1次関数 $f_0, f_1, f_2, \cdots, f_5$ は，ガウス平面上の3つの点 $0, \infty, 1$ に関する置換をひき起こす1次変換のすべてである．

一般に，1次変換 $w=\dfrac{az+b}{cz+d}$ を定めるには $z=0, \infty, 1$ に対応する w の値を与えるか，逆に $w=0, \infty, 1$ に対応する z の値を与えると，計算が簡単である．

はじめの複比の式で x_4 を z で表わした1次変換

$$f(z)=\frac{(x_1-x_3)(x_2-z)}{(x_1-z)(x_2-x_3)} \tag{⑤}$$

を作ってみる.

この1次変換は

$$f(x_1)=\infty,\ f(x_2)=0,\ f(x_3)=1$$

となる. したがって点 x_1, x_2, x_3 をそれぞれ点 $\infty, 0, 1$ に変換させる1次関数は⑤によって一気に求められる.

これは, さらに4点の複比が1次関数によってかわらないことを用いると, 一層あざやかに解決される.

4点 x_1, x_2, x_3, z が1次変換 $w=f(z)$ によって4点 $\infty, 0, 1, w$ にかわったとすると, 複比がかわらないこと(練習問題59)から

$$\frac{x_1-x_3}{x_1-z}:\frac{x_2-x_3}{x_2-z}=\frac{\infty-1}{\infty-w}:\frac{0-1}{0-w}$$

ところが $\dfrac{\infty-1}{\infty-w}=\dfrac{1-1/\infty}{1-w/\infty}=1$ だから

$$\frac{(x_1-x_3)(x_2-z)}{(x_1-z)(x_2-x_3)}=w$$

数学の内容はバラバラなものではなく, 相互に深い関係で結ばれていることが多い. 高校では計算問題の1つに過ぎない複比も, 置換群でみると, 以上のように興味深いものである.

◉ 練 習 問 題 (11) ◉

59.　1次関数 $y=\dfrac{ax+b}{cx+d}$ $(ad-bc\neq0)$ において, x の4つの値 x_1, x_2, x_3, x_4 に対応する y の値をそれぞれ y_1, y_2, y_3, y_4 とすれば, 等式

$$\frac{x_1-x_3}{x_1-x_4}:\frac{x_2-x_3}{x_2-x_4}=\frac{y_1-y_3}{y_1-y_4}:\frac{y_2-y_3}{y_2-y_4}$$

が成り立つことを証明せよ.

60. 次の対応値を与える1次関数 $y = \dfrac{ax+b}{cx+d}$ $(ad - bc \neq 0)$ を求めよ.

(1)

x		y
0	$\sim$	0
∞	$\sim$	1
1	$\sim$	∞

(2)

x		y
0	$\sim$	1
∞	$\sim$	∞
1	$\sim$	0

(3)

x		y
0	$\sim$	∞
∞	$\sim$	0
1	$\sim$	1

(4)

x		y
0	$\sim$	∞
∞	$\sim$	1
1	$\sim$	0

(5)

x		y
0	$\sim$	1
∞	$\sim$	0
1	$\sim$	∞

61. 次の対応値を与える1次関数 $y = \dfrac{ax+b}{cx+d}$ $(ad - bc \neq 0)$ を求めよ.

(1)

x		y
0	$\sim$	1
∞	$\sim$	2
1	$\sim$	4

(2)

x		y
0	$\sim$	a
∞	$\sim$	b
1	$\sim$	c

62. 数値線上で, 2点 $A(x_1)$, $B(x_2)$ が, 2点 $C(x_3)$, $D(x_4)$ を調和に分けるとき

(1) x_1, x_2, x_3, x_4 の非調和比の値はいくらか.

(2) これらの4点に1次変換 $y = \dfrac{ax+b}{cx+d}$ $(ad - bc \neq 0)$ を行なった点を, それぞれ $P(y_1)$, $Q(y_2)$, $R(y_3)$, $S(y_4)$ とすれば, P, Q は R, S を調和に分けることを証明せよ.

63. 1次変換 $f(x) = k - \dfrac{1}{x}$ によって, b が a に移り, a は c に移り, c は b に移るという. k の値を求めよ. ただし a, b, c は互いに異なる数とする.

$12.$ パスカルの定理

平凡な代数の問題から話をはじめる.

───── 例 ─────────────────────────

$$\begin{cases} \dfrac{f}{a}+\dfrac{g}{b}=1 & \text{Ⓐ} \\[2mm] \dfrac{f}{c}+\dfrac{g}{d}=1 & \text{Ⓑ} \end{cases}$$

であるとき, $\dfrac{f-c}{a-c}+\dfrac{g-d}{b-d}$ の値を求めよ.

ただし $(ad-bc)(a-c)(b-d) \neq 0$ とする.   (愛 媛 大)

────────────────────────────────

解き方は簡単である. ⒶとⒷを f, g につ
いて解き, それを値を求める式に代入すれ
ばよい. 求める値は1である.

このままでは何の面白味もない. 座標平
面を用いて幾何学的意味を読みとることに
しよう.

わかりやすくするため, f, g をそれぞれ
x, y に書きかえてみると,

Pascal
(フランス 1623〜1662)

$$\frac{x}{a}+\frac{y}{b}=1, \quad \frac{x}{c}+\frac{y}{d}=1 \qquad \text{①}$$

$$\frac{x-c}{a-c}+\frac{y-d}{b-d}=1 \qquad \text{②}$$

①は次のページの図の2直線 AB′, BA′ を表わす.

②は (c, b) (a, d) によって満たされるから2点 P, Q を通る 直線を
表わす.

先の計算によって①の根は②をみたしたから, 直線②は AB′ と BA′
の交点Rも通る.

長方形 B′OBP において, 2辺にそれぞれ平行な直線 AD′, A′D をひ

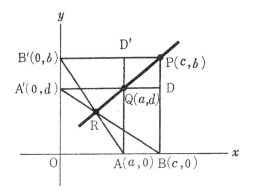

き，その交点を Q，AB′，BA′ の交点をRとすると，3点 P, Q, R は1
直線上にある．

　この図を平行光線によって，他の平面上に投影すると平行線は平行
線にうつるから，次の定理がえられることは明らかであろう．

〔**定理1**〕　平行四辺形 B′OBP において，辺 OB, OB′ に平行な
直線 A′D, AD′ をひき，その交点をQとし，AB′ と A′B との
交点をRとすれば，3点 P, Q, R は1直線上にある．

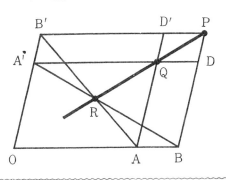

　この定理は初等幾何の知識により，意外な方法で証明できる．
　予備知識として平行四辺形の対角線上に点があるための条件を利用

する.

平行四辺形 ABCD 内の1点Pから2辺 AB, BC に平行線 EF, GH を図のようにひくと，次の定理が成り立つ.

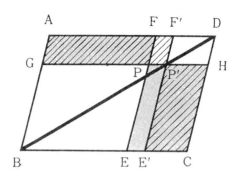

Pが BD 上にある ⟺ □PFAG＝□PECH

（⇒ の証明）　簡単であるから略す.

（⇐ の証明）

Pが BD 上にないとし，GH と BD の交点を P′ とし，AB に平行線 E′F′ をひいてみると，

$$□P'F'AG＝□P'E'CH \qquad ①$$

仮定から

$$□PFAG＝□PECH \qquad ②$$

①－②から

$$□PP'F'F＝－□PEE'P'$$

これは矛盾するから，Pは BD 上になければならない.

さて，定理1にもどって，これを証明しよう.

Rを通って OB, OB′ に平行線 E′E, F′F をひいてみる.

平行四辺形 B′OAD′ において，Rはその対角線 AB′ 上にあるから

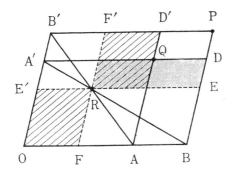

$\square RO = \square RD'$

平行四辺形 A'OBD において，Rはその対角線 A'B 上にあるから

$\square RO = \square RD$

以上の2式から

$\square RD' = \square RD$

この両辺から $\square RQ$ をひくと

$\square QF' = \square QE$

よって平行四辺形 F'REP において，点Qはその対角線 PR 上にある．
これで3点 P, Q, R は1直線上にあることが証明された．

初等幾何や解析幾何の演習問題に Newton の定理というのがある．
この定理は定理1と密接な関係があるので，それを明らかにしてみる．

〔**定理2**〕 四角形 ABB'A' の AB, A'B' の交点を O, AB', A'B
の交点をRとすれば，線分 BB', AA', OR の中点 L, M, N は1
直線上にある．　　　　　　　　　　　　　　　(**Newton の定理**)

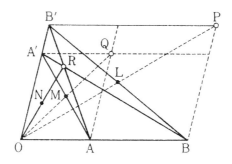

この定理で，直線 LMN を Newton 線ということがある．

3点 L, M, N をOを中心に2倍に相似交換を行なう．すなわち OL, OM を2倍に延長したものを OP, OQ とする．ON を2倍に延長したものは OR である．

このようにすると，L, M, N が1直線上にあることの証明は，P, Q, R が1直線上にあることの証明に帰する．

ところが四角形 A′OAQ, B′OBP は平行四辺形であることに注意すると，定理1によって P, Q, R は1直線上にあるから，L, M, N も1直線上にある．

▨ 中心投影による変換 ▨

定理1の図を中心投影によって，他の平面上へ変換したとすると，どんな定理にかわるだろうか．

中心投影によって，平行線は一般には1つの定直線上で交わる直線にうつる．

したがって，3直線 AB, A′Q, B′P は1点で交わるから，その点をCとする．3直線 A′B′, AQ, BP も1点で交わるから，その点を C′ とすると，次の図がえられる．

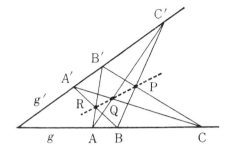

〔**定理3**〕　直線 g 上に3点 A, B, C ; 直線 g' 上に3点 A′, B′, C′ があるとき,

　　　　BC′ と B′C,　CA′ と C′A,　AB′ と A′B

の交点をそれぞれ P, Q, R とすれば, これらの3点は1直線上にある.　　　　　　　　　　　　　　　　　　　　　　　　**(Pascal の定理)**

　これは Pascal の定理, または Pascal-Pappus の定理などといい, 射影幾何では重要な定理である.

　六点形 AC′BA′CB′ に目をつけると「1つとびの頂点 A, B, C と A′, B′, C′ が1直線上にあるときは, 3組の対辺の交点 P, Q, R は直線上にある」といいかえられる.

　証明はやさしくない. 次に2通りの証明をあげてみる.

第1の証明

　六点形 AC′BA′CB′ の1つおきにとった3辺 CA′, BC′ ; AB′, CA′ ; BC′, AB′ の交点を L, M, N として三角形 LMN を作り, これに着目する.

　△LMN を3つの直線

　　　　B′PC, C′QA, A′RB

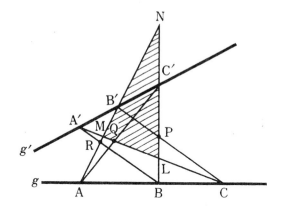

で切ったと見ると，Menelaos の定理によって

$$\frac{MB'}{B'N}\frac{\mathbf{NP}}{\mathbf{PL}}\frac{LC}{CM}=-1$$

$$\frac{MA}{AN}\frac{NC'}{C'L}\frac{\mathbf{LQ}}{\mathbf{QM}}=-1$$

$$\frac{\mathbf{MR}}{\mathbf{RN}}\frac{NB}{BL}\frac{LA'}{A'M}=-1$$

これらの3式の両辺をそれぞれかけると

$$\left(\frac{\mathbf{MR}}{\mathbf{RN}}\frac{\mathbf{NP}}{\mathbf{PL}}\frac{\mathbf{LQ}}{\mathbf{QM}}\right)\times\left(\frac{MA}{AN}\frac{NB}{BL}\frac{LC}{CM}\right)$$

$$\times\left(\frac{MB'}{B'N}\frac{NC'}{C'L}\frac{LA'}{A'M}\right)=-1$$

△LMN を直線 g, g' で切ったとみると，Menelaos の定理によって，上の式の第2，第3の（　）の中はともに -1 になるから

$$\frac{MR}{RN}\frac{NP}{PL}\frac{LQ}{QM}=-1$$

したがって Menelaos の定理の逆によって，3点 P, Q, R は1直線上にある．

第2の証明

予備知識として，2直線

$$\alpha = ax + by + c = 0, \quad \beta = a'x + b'y + c' = 0$$

の交点を通る直線の方程式は

$$m\alpha + n\beta = 0 \quad (m, n \text{ は実数})$$

で表わされることを用いる．

補助線として直線 CC′ をひき，3直線

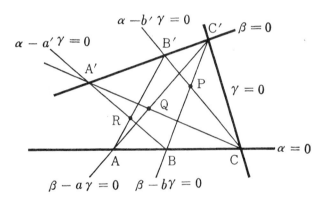

$$\alpha - b'\gamma = 0$$
$$\alpha - a'\gamma = 0$$
$$\beta = 0$$
$$\gamma = 0$$
$$\alpha = 0$$
$$\beta - a\gamma = 0 \qquad \beta - b\gamma = 0$$

$$\text{ABC}, \quad \text{A′B′C′}, \quad \text{CC′}$$

の方程式をそれぞれ

$$\alpha = 0, \quad \beta = 0, \quad \gamma = 0$$

とおく．

AC′, BC′ は2直線 $\beta = 0$, $\gamma = 0$ の交点 C′ を通るから，それらの方程式は

$$\beta - a\gamma = 0, \quad \beta - b\gamma = 0$$

とおくことができる．

また, 直線 CA′, CB′ は 2 直線 $\alpha=0$, $\gamma=0$ の交点 C を通るから, それらの方程式は

$$\alpha-a'\gamma=0$$

$$\alpha-b'\gamma=0$$

とおくことができる.

次に AB′ は直線 $\alpha=0$, $\beta-a\gamma=0$ の交点 A を通るから

$$m\alpha+n(\beta-a\gamma)=0 \qquad\qquad ①$$

と書くことができる.

これが, ちょうど B′ を通るように $m:n$ を定めれば, 直線 AB′ の方程式は求められたことになる.

①を書きかえると

$$(m\alpha-na\gamma)+n\beta=0 \qquad\qquad ②$$

これは 2 直線 $\beta=0$, $\alpha-b'\gamma=0$ の交点を通るのであるから, ②の(　)の中の式 $m\alpha-na\gamma$ が

$$k(\alpha-b'\gamma)$$

の形になるはずである. それには

$$m=a, \qquad n=b'$$

と選べばよいことが知られよう.

よって直線 AB′ の方程式は①から

$$a\alpha+b'\beta-ab'\gamma=0 \qquad\qquad ③$$

全く同様にして, 直線 A′B の方程式は

$$b\alpha+a'\beta-ba'\gamma=0 \qquad\qquad ④$$

いま③－④を作ってみると

$$(a\alpha+b'\beta-ab'\gamma)-(b\alpha+a'\beta-ba'\gamma)=0 \qquad ⑤$$

これは ③, ④ の交点**R を通る**直線である.

ところが, この方程式は, 次の 2 通りに書きかえることができる.

$$(a-b)(\alpha-b'\gamma)-(a'-b')(\beta-b\gamma)=0 \qquad ⑥$$

$$(a-b)(\alpha-a'\gamma)-(a'-b')(\beta-a\gamma)=0 \qquad ⑦$$

⑥から, この直線は, 2 直線

$$\alpha-b'\gamma=0, \quad \beta-b\gamma=0$$

の交点**P を通る**ことがわかる.

また⑦から, この直線は, 2 直線

$$\alpha-a'\gamma=0, \quad \beta-a\gamma=0$$

の交点**Q を通る**こともわかる.

以上から, 結局直線⑤は 3 点

　　　　P, Q, R

を通ることがわかる. したがって, 3 点 P, Q, R は 1 直線上にある.

▨ **Pascal の定理の拡張** ▨

Pascal の定理をマクロ的に眺めると,

　　　　1 直線 g 上の 3 点 A, B, C

　　　　1 直線 g' 上の 3 点 A', B', C'

に関する図形の性質である.

2 直線 g, g' は, 1 つの方程式で表わすと 2 次方程式である. 逆にみれば, 2 次方程式 $F(x, y)=0$ の左辺が 1 次式の因数に分解されて

$$f(x, y)\cdot g(x, y)=0$$

となる特殊な場合である.

　2次方程式がこのように分解されなかったとすると, 2次曲線(楕円, 双曲線, 放物線)を表わす.

　そこで, Pascal の定理は, 2次曲線上6つの点についても成り立つだろうかという疑問を抱くだろう.

　実は, それが成り立つのである. しかし, 一般の2次曲線の場合の証明は解析幾何によると計算がやっかいであり, 幾何学的にやろうとすると予備知識がいる. ここでは, 簡単に証明のできる円の場合を取り挙げるに止める.

> ### (円に関する Pascal の定理)
>
> 　1つの円周上に6点 A, B, C, D, E, F があって
>
> > ABとDEは点Pで,
> >
> > BCとEFは点Qで,
> >
> > CDとFAは点Rで,
>
> 交わるならば, 3点 P, Q, R は1直線上にある.
>
>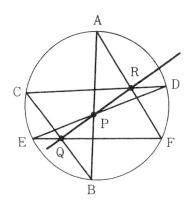

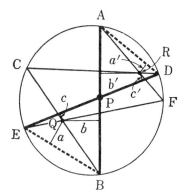

6点の順序は任意であるから，いろいろの場合があって，3点 P, Q, R は円内にあるとは限らない．

証明はどんな図の場合であっても大差ないから，上のように3点 P, Q, R が円内にある場合を証明してみる．

予備知識として，角の2辺からの距離の比が一定な点の軌跡は，その角の頂点を通る直線であることを用いる．

△PBE において，点Qから3辺 EB, BP, PE に至る距離をそれぞれ a, b, c とする．

同様に △PAD において，点Rから辺 DA, AP, PB に至る距離をそれぞれ a', b', c' とする．

円周角の性質により

$$\angle EBC = \angle EDC$$

$$\angle CBA = \angle CDA$$

であるから

$$\frac{a}{c'} = \frac{QB}{RD}, \quad \frac{b}{a'} = \frac{QB}{RD} \qquad \therefore \ \frac{a}{c'} = \frac{b}{a'} \qquad\qquad ①$$

同様にして

$$\frac{a}{b'}=\frac{c}{a'} \qquad\qquad\qquad\qquad ②$$

①と②から

$$aa'=bc' \quad aa'=b'c$$

$$\therefore\ bc'=b'c \quad \therefore\ \frac{b}{c}=\frac{b'}{c'}$$

この式は， 2点 Q, R から AB, DE に至る 距離の比が等しいことを示すから， QとRはPを通る1直線上にある．

円に関する Pascal の定理の図を，中心投影によって，他の平面上へうつすと，直線は直線にうつり，円は2次曲線にうつる．ところが，2次曲線は 楕円，双曲線，放物線 であるから，Pascal の定理はこれらの曲線についても成り立つわけである．また，2直線は，双曲線の特殊の場合とみられるので，2直線に関する Pascal の定理も出現し，振出しにもどる．

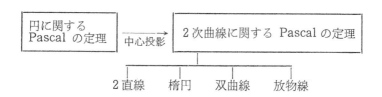

中心投影，つまり射影空間でみると，円は2次曲線を生み出す母体である．このことは，円を通る光線は円錐面を作り，円錐面の切口は2次曲線であることと深く結びついている．

◎ 練 習 問 題 (12) ◎

64. Desargues の定理　平面上の2つの三角形 ABC, A′B′C′ において，直線

$$AA', \quad BB', \quad CC'$$

が1点Sで交わり，3組の直線

$$BC と B'C', \quad CA と C'A', \quad AB と A'B'$$

がそれぞれ D, E, F で交わるならば，これらの3点は1直線 s 上にある．

　この定理を Menelaos の定理を用いて証明せよ．

65. Desargues の定理の逆　平面上の2つの三角形 ABC, A′B′C′ の3組の直線

$$BC と B'C', \quad CA と C'A', \quad AB と A'B'$$

がそれぞれ D, E, F で交わり，しかもこれらの3点は1直線 s 上にある．このとき，

$$BB', \quad CC'$$

が1点Sで交わるならば，AA′ はSを通る．

　これを Desargues の定理を用いて証明せよ．

66. 平坦な工場地帯に3本の煙突 AA′, BB′, CC′ が立っている A, B, C は煙突の上端とする．BとCが重なって見える地点をD，CとAが重なっている地点をE，AとBが重なって見える地点をFとすると，3点 D, E, F は1直線上にある．

　これを明らかにせよ．

67. 平面上に，長さの異なる 3 つの線分 AA′, BB′, CC′ があって

AA′∥BB′∥CC′

のとき，

BC と B′C′ の交点を D，

CA と C′A′ の交点を E，

AB と A′B′ の交点を F，

とすれば，3 点 D, E, F は 1 直線上にあるか．

68. 空間に 3 つの異なる平面 α, β, γ があって，β と γ は直線 a で交わり，γ と α は直線 b で交わり，α と β は直線 c で交わっている．

もし，b と c が 1 点 P で交われば，a は P を通ることを証明せよ．ただし a, b, c は異なるものとする．

69. 2つの三角形 ABC と A′B′C′ が異なる平面上にあるとき，Desargues の定理は，点，直線，平面の結合関係のみを用いて証明される．それを試みよ．

13. 計算法則をめぐって

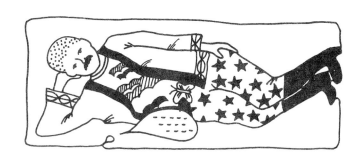

君は型破りだよ.

▨ 盲点をつかれて ▨

　京大は，最近型破りの入試問題を出す．チャート式やパターン式への警告であろうか．数学の本質をついており，たいへん結構なことだと思う．

　47年の入試から，その一例を拾ってみる．

──── 例 ────

　2つまたは3つのベクトルの加法について，次の法則が成り立つ．

$$\vec{A}+\vec{B}=\vec{B}+\vec{A}$$

$$(\vec{A}+\vec{B})+\vec{C}=\vec{A}+(\vec{B}+\vec{C})$$

　いま n 個のベクトルを $\vec{A_1}, \vec{A_2}, \cdots, \vec{A_n}$ とし，その順序を任意にかえたものを，$\vec{B_1}, \vec{B_2}, \cdots, \vec{B_n}$ とする．上の2つの法則をつかって，

$$\vec{A_1}+\vec{A_2}+\cdots+\vec{A_n}=\vec{B_1}+\vec{B_2}+\cdots+\vec{B_n}$$

がなりたつことを数学的帰納法を用いて示せ． なお，たとえば4つの
ベクトル $\vec{A}, \vec{B}, \vec{C}, \vec{D}$ について，その和 $\vec{A}+\vec{B}+\vec{C}+\vec{D}$ は $\{(\vec{A}+\vec{B})$
$+\vec{C}\}+\vec{D}$ を意味するものとし，一般の場合も同様とする．

（京　大）

　この問題はベクトルを用いて述べられているが，内容は要するに，
交換法則を拡張したものであるから，どんなものについてのどんな演算
でも差支えない．

　たとえば，実数の加法ならば

$$a+b=b+a, \qquad (a+b)+c=a+(b+c)$$

を用いて

$$a_1+a_2+\cdots+a_n=b_1+b_2+\cdots+b_n$$

を証明する問題になる．

　また実数の乗法ならば

$$ab=ba, \qquad (ab)c=a(bc)$$

を用いて

$$a_1a_2\cdots a_n=b_1b_2\cdots b_n$$

を証明するのと同じこと．

　さらに素材をかえ，集合の交わりを選べば

$$A\cap B=B\cap A$$
$$(A\cap B)\cap C=A\cap(B\cap C)$$

を用いて

$$A_1\cap A_2\cap\cdots\cap A_n=B_1\cap B_2\cap\cdots\cap B_n$$

を証明することと同じ．

　このようにみると，　この問題は数学においては極めて基本的なもので，一度は徹底的に究明しておかなければならない内容であることがわかる．

　数学的にみても，数学教育からみても重要なこの内容も，いまの高校生にとっては盲点であって，ドキリとさせられ，「こら，　あきらめた」となるところに，現在の高校数学の問題点があるように思う．

「あなたは現場を知りませんね」

「ああ，そうですか」

「高校のベテラン先生に集って頂き，　入試問題の検討会でも開いてごらん．不適当な問題のカテゴリーにはいりますよ．絶対！」

「ああ，そうですか．絶対……」

「無責任なことはいわないで頂きたい」

「ああ，そうですか．そんなら伺いましょう．小学校以来，交換法則や結合法則が出てきますね．とくに，高校ではいたるところに，実数で，複素数で，集合で，命題で，最近は写像で……これ一体なんのために？」

「？？……いえと……もちろん，使うためですよ」

「ああ，そうですか．では，もう一度念のため伺いさせて下さい．さきの問題は，交換法則や結合法則の応用ではないのですか」

「あなたはいじがわるい」

「ああ，そうですか．失礼しました」

×　　　　　　　×

　例をみればわかるように，交換法則を拡張するには，交換法則のほかに結合法則も必要である．　したがって準備として，結合法則の拡張を示すのが親切であろう．

　ところが，結合法則の拡張には，　その予備知識としてカッコの使い

教師「交換法則も拡張にはなぜ結合法則が必要か」

学生「読者拡張にはゲバ必要なるがごとし」

方と省略が必要である．　例の後半のただしがきは，カッコの省略について念を押したもので，出題者は高校数学の盲点を心得ているようである．

▨ カッコの役割と省略 ▨

　加減乗除など，ふつうの演算は，2つの数に対して，1つの数を対応させるもので**2項演算**と呼ばれている．

　2項演算を3項以上に行うためには，演算の順序を示すためにカッコが使われる．

　「カッコの中の演算を先に行う」

　これが演算におけるカッコ使用の第1原則である．

　これを乗法を例にとってあきらかにしてみる．　3数 a, b, c があるとき，a, b の積を求め，次にその積と c との積を求めることを，1つの式

で示すには　　$(ab)c$　とカッコを用いればよい.

　　4 文字では　　　　　　　$\{(ab)c\}d$

　　5 文字では　　　　　　　$[\{(ab)c\}d]e$

　6 文字以上になるとカッコの種類が足りない. カッコは小カッコ（　）,
中カッコ｛　｝, 大カッコ［　］ などと格づけする必要のないもので, す
べて同種のカッコで足りる. そこで, 最近は小カッコを重ねて用いる
流儀が常識になった.

$$(((ab)c)d)e$$

このように, カッコを馬鹿正直につけることから出直すのがよい.

　「過ぎたるは及ばざるがごとし」のことわざもある. 計算順序を示
すのには有難いカッコも, 上の式のようにたくさんつくと煩わしい.
そこで, カッコの省略法が考え出された.

　この式は, カッコを略して $abcde$ とし, その代りに

　「左から順に計算する」と, 第 2 の約束を追加すれば少しも困らない.

　あとでカッコがほしくなったときは, 必要なものだけを適宜復活させ
ればよい. たとえば

$$abcde=(abc)de \qquad abcde=(abcd)e$$

のように.

　　　　　　　　　　×　　　　　　　　　　　　　×

　このカッコの省略は, 一般化し, n 項の場合の表現をしっかりつか
んでおかないと, 推論のときに戸惑うのである.

　カッコを略さない式は

$$((\cdots((a_1a_2)a_3)\cdots)a_{n-1})a_n$$

これで十分わかるが, ……のところが何んとなく気がかり. その気が

初期条件がなくては帰納的定義にならない.

かりなところをスカッとさせようとすると，**帰納的定義**が必要になる.

上の式全体を y_n と表わせば漸化式　$y_{n+1}=(y_n)a_{n+1}$　ができる.

ただし，このままでは出発点がないので困るから，$y_2=a_1a_2$ を補う.
まとめて

$$\begin{cases} y_2=a_1a_2 & \text{①} \\ y_{n+1}=(y_n)a_{n+1} \quad (n=2,3,\cdots) & \text{②} \end{cases}$$

①をふつう**初期条件**といい，②を**漸化式**という. この2つが1組に
なって，はじめて

$$y_n=((\cdots((a_1a_2)a_3)\cdots)a_{n-1})a_n$$

が定義される.

一般に，k 以上の自然数 n に関する命題 $p(n)$ を定義するのに

(i)　$p(k)$ を定義する.

(ii)　$p(n)$ を用いて，$p(n+1)$ を定義する．

という方式をとる方法を帰納的定義というのである．

上の例では初期条件が $k=2$ の場合であるが，無駄なカッコを 1 つふやせば，$k=1$ の場合に直せる．

すなわち a_1 にもカッコをつけて (a_1) と表わすことを認めると

$$\begin{cases} y_1 = a_1 \\ y_{n+1} = (y_n)a_{n+1} \qquad (n=1, 2, \cdots) \end{cases}$$

でよい．

このような統一は，数学ではよく用いる手である．a を a^1 とかいて a^n の特殊の場合とみるのがその一例である．

上のように，カッコをつけた式を帰納的に定義すれば，カッコの省略は $(y_n)a_{n+1} = y_n a_{n+1}$ と簡単になる．

念のため，$n=1, 2, \cdots$ とおいて，

$$((\cdots(((a_1)a_2)a_3)\cdots)a_{n-1})a_n = a_1 a_2 a_3 \cdots a_{n-1}a_n$$

を導いてみよ．

頭の中の理解だけでは心細い．手を動かし，ハダで感ずる認識は，万物の霊長をもって任ずる人間にも欠せないのである．

▨ 結合法則の拡張 ▨

2 項演算のみに関する法則としては，結合法則，交換法則，分配法則などいろいろあるが，なんといっても根源的なのは結合法則で，これがないと計算は非常にきゅうくつである．

結合法則は，乗法で表わすと

$$(ab)c = a(bc) \tag{①}$$

見ればわかるように，この法則は，計算の順序の変更に関するものである．

　左辺は，カッコ省略の約束によると abc と表わしてもよかったから，
上の等式は

$$abc = a(bc) \qquad\qquad ②$$

とかきかえてもよい.

　集合 E が乗法について閉じているとする.すなわち,E の任意の2元
の積が E に属するとする.

$$a \in E,\ b \in E \quad ならば \quad ab \in E$$

　その上，E の任意の3元 a, b, c について①，すなわち②が成り立
つとき，E における乗法は**結合法則**をみたす，または**結合的**であると
いうのである.

×　　　　　　　　　　×

　この結合法則を4つの数の場合へ拡張するため，$abcd$ について，
カッコのつけ方，すなわち演算順序の変更をすべて作ってみる.

もとのまま　　　カッコを略したもの

$(a(bc))d \longrightarrow a(bc)d$ ①

$a(b(cd)) \longrightarrow$ 略せない ②

$a((bc)d) \longrightarrow a(bcd)$ ③

$(ab)(cd) \longrightarrow ab(cd)$ ④

　これらのうち①の $\underline{a(bc)d}$ は下線の部分をみると,3数の場合の結合
法則になる.②は3数の場合の結合法則を2回用いたものに過ぎない.

$b(cd)$
↓
$a(b(cd)) \xrightarrow[\ (cd)=e\ とおく\ ]{} a(be)$

　結局4つの数に特有なものとして残った型は

$$a(bcd) \quad と \quad ab(cd)$$

の2つである.

同様のことを5つの数で試みると

$$a(bcde), \quad ab(cde), \quad abc(de)$$

の3つが残る.

　一般に n 個の数で，それにふさわしいカッコのつけ方をみつけるには，外側のカッコのみに目をつければよい．なぜかというに，そのカッコの中の式にある数は n 個より少いからである．

　外側のカッコのつけ方は，次の2つにつきる.

(i)　右端が外に出るもの

$$(a_1 a_2 \cdots a_r) a_{r+1} \cdots a_{n-1} a_n$$

(ii)　左端が外に出るもの

$$a_1 a_2 \cdots a_r (a_{r+1} \cdots a_{n-1} a_n)$$

　これらのうち (i) はカッコ省略の約束によって除きうるから，残るのは (ii) だけ.

$$\times \qquad\qquad \times$$

　以上から結合法則を n 個の数へ拡張することによって一般化したものは，次の等式であることがわかる.

結合法則の拡張

$$a_1 a_2 \cdots a_r a_{r+1} \cdots a_n = a_1 a_2 \cdots a_r (a_{r+1} \cdots a_n)$$

$$(n-2 \geqq r \geqq 1)$$

省略したカッコの一部分を復活させて

$$a_1 a_2 \cdots a_r a_{r+1} \cdots a_n = (a_1 a_2 \cdots a_r)(a_{r+1} \cdots a_n)$$

とする方が，見やすいという人もおるだろう．また，その方が推論には

都合がよいこともある.

　上の法則を, 数学的帰納法によって証明してみる. 変数は n と r の2つであるが, r を固定し, n について証明を試みるとうまくいく.

$n=3$ のとき

　$1 \geqq r \geqq 1$ から $r=1$

$$a_1 a_2 a_3 = a_1 (a_2 a_3)$$

これは結合法則そのままである.

　n のとき成り立つと仮定して, $n+1$ のときも成り立つことを示そう.

$$a_1 a_2 \cdots a_r a_{r+1} \cdots a_n a_{n+1} \qquad \text{①}$$
$$= (a_1 a_2 \cdots a_r a_{r+1} \cdots a_n) a_{n+1} \qquad \text{②}$$
$$= (a_1 a_2 \cdots a_r (a_{r+1} \cdots a_n)) a_{n+1} \qquad \text{③}$$
$$= a_1 a_2 \cdots a_r ((a_{r+1} \cdots a_n) a_{n+1}) \qquad \text{④}$$
$$= a_1 a_2 \cdots a_r (a_{r+1} \cdots a_n a_{n+1}) \qquad \text{⑤}$$

よって, $n+1$ のときも成り立つ.

→注1　上の証明で ①→② は, 省略してあるカッコの復活. ②→③ は n のときに成り立つと仮定したことを ( ) の中の n 個の数にあてはめた. ③→④ は3文字についての結合法則の適用. $a_1 a_2 \cdots a_r = x$, $a_{r+1} \cdots a_n = y$, $a_{n+1} = z$ とおいてみよ. $(xy)z$ を $x(yz)$ とかきかえたことになる. ④→⑤ はカッコの省略に過ぎない.

→注2　結合法則の拡張を加法で表わせば

$$a_1 + a_2 + \cdots + a_r + a_{r+1} + \cdots + a_n$$
$$= (a_1 + a_2 + \cdots + a_r) + (a_{r+1} + \cdots + a_n)$$

さらに Σ で表わせば

$$\sum_{i=1}^{n} a_i = \sum_{i=1}^{r} a_i + \sum_{i=r+1}^{n} a_i \quad \text{または} \quad \sum_{i=1}^{n} a_i = \sum_{i=1}^{r} a_i + \sum_{i=1}^{n-r} a_{r+i}$$

→注3　結合法則の拡張は a_1 を (a_1) とかくことを考慮すれば, 但し書きの不等

式は $n-1\geqq r\geqq 1$ でよい.

▨ 結合法則と指数法則 ▨

a^3 を aa^2 と書きかえることはいつでもできると思っている人がおるが, これは大へんな勘違いである. たとえば $E=\{a,b,c\}$ で乗法が右の表で与えられているとしよう.

$$aa^2=a\cdot b=c$$
$$a^2a=ba=b$$

xy の表

x＼y	a	b	c
a	b	c	a
b	b	a	b
c	c	c	b

この例をみると a^3 はうっかり分解できない.

そこで, a^3 は一体何を表わすのかという疑問がわき, a^3 の約束へもどる必要にせまられる.

a^3 は中高の数学通り aaa を表わす. しかしこの aaa は, カッコ省略の約束によれば

$$(aa)a$$

であったから $(aa)a=a^3$ が a^3 の定義である. これが $a(aa)$ に等しいかどうかは, 結合法則が成り立つかどうかにかかっている. 上の例では

$$(aa)a \neq a(aa)$$

だから, 結合法則が成り立たない.

一般に, a^n をはっきり定義し, 先へ進むことにする.

$$\overbrace{aaa\cdots a}^{n個}=((\cdots((aa)a)a\cdots a)a)a$$

を a^n で表わし, a の $\boldsymbol{n}$ **乗** と読む.

とくに a は a^1 とかき a の **1乗** と読む.

君もこれを持て.

a^n の約束がありさえすれば指数法則

$$a^m a^n = a^{m+n}$$

が成り立つとみるのは誤り. この約束のほかに,結合法則があって, はじめて成り立つのである.

> 　　集合 E における乗法が結合法則をみたすならば, 次の等式が成り立つ.
> (i)　$a^m a^n = a^{m+n}$
> (ii)　$(a^m)^n = a^{mn}$　　　(m, n は自然数)

結合法則の必要なわけは実際に証明してみればはっきりしよう.

$$a^m a^n = \overbrace{(aa\cdots a)}^{m個}\overbrace{(aa\cdots a)}^{n個} \tag{①}$$
$$= \overbrace{aa\cdots\cdots\cdots\cdots a}^{(m+n)個} \tag{②}$$
$$= a^{m+n}$$

① から ② へうつるときに結合法則の拡張が用いられた.

このように，推論は一歩一歩かみしめることによって，どんな法則を使うかがあきらかになる.推論はスルメの味．かまずに飲み込んだのでは味がわからないし，腹を痛ためよう.

(ii) は (i) の反復利用で導く．　練習の積りで，数学的帰納法によってみよ.

→**注**　指数法則のうち $m>n$ のとき

$$a^m \div a^n = a^{m-n}$$

は，乗法の逆算である割算ができる場合に成り立つものであるから，ここでは触れない.

▨ 交換法則の拡張 ▨

ようやく例の解答を示すときが来た.

集合 E が乗法について閉じていて，しかも任意の2元 a, b について

$$ab = ba$$

が成り立つとき E における乗法は**交換法則**をみたす，または**交換的**であるという.

E における乗法が交換的でなくとも，特定2元 a, b について上の等式が成り立つときは，**a と b は交換的**であるという.

交換法則の拡張を，例1ではベクトルの加法で述べてあったが，ここでは乗法で述べてみる.

> **交換法則の拡張**
> 集合Eにおける乗法が結合的でかつ交換的であるとする.

ヘンな交換法則——昔は男が女にえばり，今は女が男にえばる.

　E の n 個の元　$a_1, a_2, \cdots, a_n$　の順序を任意にかえたものを $b_1, b_2, \cdots, b_n$ とするとき，　等式

$$a_1 a_2 \cdots a_n = b_1 b_2 \cdots b_n$$

が成り立つ.

　数学的帰納法によって証明する．n は1からはじめたのでよい.

　$n=1$ のとき $a_1 = a_1$ 明白である.

　n のとき成り立つと仮定すると $n+1$ のときにも成り立つこと，すなわち

$$a_1 a_2 \cdots a_n a_{n+1} = b_1 b_2 \cdots b_n b_{n+1}$$

となることを示そう.

　a_{n+1} は $b_1 b_2 \cdots b_n b_{n+1}$ の中のどれかと等しい．そこで a_{n+1} が b_{n+1} に等しい場合とそうでない場合とに分けて考える.

$a_{n+1} = b_{n+1}$ のとき

$$b_1 b_2 \cdots b_n b_{n+1} = (b_1 b_2 \cdots b_n) a_{n+1}$$

（　）の中は，数が n 個であるから仮定によって $a_1 a_2 \cdots a_n$ に等しい．よって

$$b_1 b_2 \cdots b_n b_{n+1} = (a_1 a_2 \cdots a_n) a_{n+1}$$
$$= a_1 a_2 \cdots a_n a_{n+1}$$

$a_{n+1} \neq b_{n+1}$ のとき

a_{n+1} は $b_1 b_2 \cdots b_n$ の中にあるから，たとえば b_r に等しかったとすると

$$b_1 b_2 \cdots b_{n+1} = b_1 \cdots (b_r b_{r+1} \cdots b_{n+1})$$
$$= b_1 \cdots (a_{n+1} (b_{r+1} \cdots b_{n+1}))$$
$$= b_1 \cdots ((b_{r+1} \cdots b_{n+1}) a_{n+1})$$
$$= (b_1 \cdots (b_{r+1} \cdots b_{n+1})) a_{n+1}$$
$$= (b_1 \cdots \cdots \cdots b_{n+1}) a_{n+1}$$

（　）の中の数は n 個であるから，前の場合と同様である．

よって，交換法則の拡張は正しい．

$$\times \qquad\qquad\qquad \times$$

わかってしまえばやさしいが，最初は手ごわいのかも知れない．読者は例にもどり，ベクトルで証明をやり直して頂きたい．

▨ 交換法則と指数法則 ▨

指数法則のうち，交換法則の拡張と密接な関係のあるのは

$$(ab)^n = a^n b^n$$

である．

小手調べとして $(ab)^2 = a^2 b^2$ を証明してみることを勧めよう．

> 　集合 E における乗法が結合的で，かつ交換的ならば，次の等式が成り立つ.
>
> $$(ab)^n = a^n b^n \qquad (n \text{ は自然数})$$

はじめに交換法則の拡張を使った証明を挙げてみる．結合法則の拡張によって

$$(ab)^n = (ab)(ab)\cdots(ab) = ab\,ab\cdots ab$$

乗法が結合的, 交換的ならば，交換法則の拡張が成り立つから，ab $ab\cdots ab$ は文字の順を自由にかえることができる．したがって

$$(ab)^n = aa\cdots abb\cdots b = (aa\cdots a)(bb\cdots b)$$
$$= a^n b^n \qquad\qquad\qquad\text{（証明終り）}$$

結合法則と交換法則の拡張を使わず，結合法則と交換法則を直接使うのであったら数学的帰納法によらねばならない.

$n=1$ のとき　$(ab)^1 = a^1 b^1$　明白

n のとき成り立つと仮定して，$n+1$ のときも成り立つことを示そう.

$$(ab)^{n+1} = (ab)^n(ab) = (a^n b^n)(ab) = ((a^n b^n)a)b$$
$$= (a^n(b^n a))b \qquad\qquad\qquad ①$$
$$= (a^n(ab^n))b \qquad\qquad\qquad ②$$
$$= ((a^n a)b^n)b = (a^n a)(b^n b) = a^{n+1} b^{n+1}$$

よって $n+1$ のときも成り立つ.　　　　　（証明終り）

$$\times \qquad\qquad\qquad \times$$

以上では，乗法が結合的, かつ交換的であることを前提として証明した．ここでわれわれの抱く疑問は,乗法がすべての元について交換的でなくとも，2元 a, b が交換的ならば，その a, b については　$(ab)^n=$

$a^n b^n$ が成り立つのではないかということである.

　これを, はじめの証明で調べてみよう.

　$ab\,ab\cdots ab$ を $aa\cdots abb\cdots b$ と書きかえることは, a, b が交換的であること, すなわち $ab=ba$ だけを用いて実行できそうである.

　たとえば $n=3$ のときで試みると

$$ababab=aabbab=aababb=aaabbb$$

隣合った a, b を3回交換すればよい. そこで, 一般に n 乗の場合にも, 隣合った a, b の交換を反復することによって, 書きかえうることが予想される.

　この事実を, もっとはっきりと示すために先の帰納法による証明を再検討してみる. この証明で, 交換法則を用いたのは ① から ② へ移るときだけである. 再録すれば

$$(ab)^{n+1}=a^n(b^n a)b \qquad ①$$
$$=a^n(ab^n)b \qquad ②$$

　このときの交換は a と b^n であるから, 等式

$$b^n a=ab^n \qquad ③$$

を, a, b が交換的であることを用いて証明できれば目的を果せる. それは数学的帰納法によって, 簡単に証明できそうである.

　$n=1$ のとき, $ba=ab$ はあきらか.

　n のとき成り立つとすると

$$b^{n+1}a=(b^n b)a=b^n(ba)=b^n(ab)=(b^n a)b$$
$$=(ab^n)b=a(b^n b)=ab^{n+1}$$

となって, $n+1$ のときも成り立つ.

よって③は正しい．　③が正しいと①から②へうつることも正しく，前の数学的帰納法による証明も正しいことになって，次の結論がえられる．

> E における乗法が結合的で，E の 2 つの元 a, b が交換的ならば
>
> $$(ab)^n = a^n b^n \qquad (n \text{ は自然数})$$
>
> が成り立つ．

日頃なにげなく使っていた法則も，このように分析してみると，見えざる背景があるのに驚かされるとは興味深い．

▨ 分配法則について ▨

結合法則と交換法則は，一種の演算に関するものであった．たとえば結合法則をみると

加法	$(a+b)+c = a+(b+c)$
乗法	$(ab)c = a(bc)$
交わり	$(A \cap B) \cap C = A \cap (B \cap C)$
結びの	$(A \cup B) \cup C = A \cup (B \cup C)$
$\wedge$（かつ）	$(A \wedge B) \wedge C = A \wedge (B \wedge C)$
$\vee$（または）	$(A \vee B) \vee C = A \vee (B \vee C)$

交換法則についても同様である．

これらに対し，分配法則は 2 種の演算に関するもので，その役割は 2 種の演算を結びつけることにある．

実数では加法と乗法において

$$\underline{a \times (b+c)} = \underline{a \times b} + \underline{a \times c}$$

くわしくは，×の＋に対する分配法則という．

実数では，このほかに×の－に対する分配法則もある．

$$a \times (b-c) = a \times b - a \times c$$

集合でみると，∩ の ∪ に対する分配法則と同時に，∪ の ∩ に対する分配法則が成り立つ．

$$A \cap (B \cup C) = (A \cap B) \cup (A \cap C)$$

$$A \cup (B \cap C) = (A \cup B) \cap (A \cup C)$$

集合には，このほかに ∩ の－に対する分配法則などもあるが，集合の差については予備知識のない読者もおることかと思うので，あとで解説しよう．

ベクトルでは，内積の和についての分配法則，内積の差についての分配法則などがあった．

×　　　　　　　　　　　×

実数の計算法則をみると，×の＋についての分配法則のみが載せてあって，×の－についての分配法則がない．これは，前者から後者が簡単に導かれるためである．

減法は加法の逆算であるから，この関係を用いると減法に関することは加法に関することから誘導される．それを厳密に推論するには，推論の根底になる条件を明示しなければならないので，ここでは常識的証明にとどめよう．

$$a(b-c) = a(b+(-c)) = ab + a(-c)$$
$$= ab + (-ac) = ab - ac$$

×　　　　　　　　　　　×

　分配法則の最後として，集合の差に関するものに触れよう．

　A, B が集合のとき，A, B の差 $A-B$ というのは，A の元から B に属するものを取り除いたもののことである．

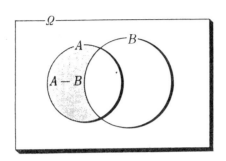

　したがって，B の補集合を B^c で表わすならば，$A-B$ は $A\cap B^c$ で表わされる．

$$A-B = A\cap B^c \tag{①}$$

→**注**　高校では，集合 A の補集合を $\bar{A}$ で表わすが，ここでは，あとの解説の都合もあるので A^c を用いた．

　さて，この差について，次の分配法則が成り立つだろうか．

　∩の－に対する分配法則

$$\underline{A\cap(B-C)} = \underline{A\cap B} - \underline{A\cap C} \tag{②}$$

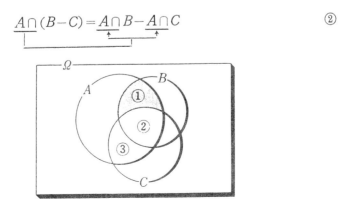

　計算による前に，図解によって探りをいれてみよう．$A \cap (B-C)$ は図でみると ① の部分である．$A \cap B$ は ①, ② の合併．$A \cap C$ は ②, ③ の合併．$A \cap B$ の元から $A \cap C$ に含まれるものをとり除くと ① が残る．これで，上の法則は成り立つことがわかった．その証明を計算によってみる．

$$A \cap B - A \cap C$$
$$= (A \cap B) \cap (A \cap C)^c \qquad\qquad ①による$$
$$= (A \cap B) \cap (A^c \cup C^c) \qquad ド・モルガンの法則$$
$$= ((A \cap B) \cap A^c) \cup ((A \cap B) \cap C^c) \qquad 分配律$$

　　ところが

$$(A \cap B) \cap A^c = A \cap (B \cap A^c) = A \cap (A^c \cap B)$$
$$= (A \cap A^c) \cap B = \phi \cap B = \phi$$

となるから

$$A \cap B - A \cap C$$
$$= \phi \cup ((A \cap B) \cap C^c)$$
$$= A \cap (B \cap C^c) = A \cap (B-C)$$

　集合の計算に慣れていないとむづかしいかも知れない．

×　　　　　　　　　　　×

　さて，それでは，∪ の － に対する分配法則

$$A \cup (B-C) = A \cup B - A \cup C \qquad\qquad\qquad ③$$

は成り立つだろうか．

　図解で当ってみると，$A \cup (B-C)$ は黒くぬった部分全体であるのに，$A \cup B - A \cup C$ は点を打った部分だけであるから，両者は等しくない．等式 ③ は ＝ を ⊃（等しい場合を含める）にかえれば成り立つ．

　③ を等号のままで成立させるにはどこをどうかえればよいか．これ

に答えるのは，計算によるのでないと無理であろう．

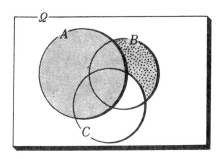

$$A \cup (B-C) = A \cup (B \cap C^c) = (A \cup B) \cap (A \cup C^c)$$
$$= (A \cup B) \cap (A^c \cap C)^c = A \cup B - A^c \cap C$$

右辺の $A \cup C$ を $A^c \cap C$ にかえればよいことがわかった．

$$A \cup (B-C) = A \cup B - A^c \cap C$$

これでは，もはや $\cup$ の $-$ に対する分配法則とは呼べない．

▨ 一項演算と計算法則 ▨

いままでの計算の法則は 2 項演算のみに関するものであった．ここで 1 項演算に関係のある法則を取り挙げてみる．

1 項演算というのは，集合 E があるとき，E の元に E の元を 1 つ対応させることである．

そのような例として高校で習うものは，数では反数と逆数，集合では補集合である．たとえば，集合 $E=\{a, b, c\}$ の部分集合族

$$P = \{\phi, \{a\}, \{b\}, \{c\}, \{a, b\}, \{a, c\}, \{b, c\}, E\}$$

でみると

$$\phi^c = E, \quad \{a\}^c = \{b, c\}, \{a, b\}^c = \{c\}$$

のように，任意の集合に対して，その補集合が 1 つずつ対応する．した

がって，補集合を求める操作（　^{c}）は P における1項演算である.

この演算に関する法則は，次の3つである.

(i)　$A^{cc} = A$

(ii)　$(A \cap B)^c = A^c \cup B^c$

(iii)　$(A \cup B)^c = A^c \cap B^c$

これらのうち(i)は補集合だけに関するもので，2重補集合の法則と呼ばれている. (ii)と(iii)は有名で，ド・モルガンの法則という.

(ii), (iii)は，n 個の集合へ簡単に拡張できる.

$$(A_1 \cap A_2 \cap \cdots \cap A_n)^c = A_1{}^c \cup A_2{}^c \cup \cdots \cup A_n{}^c$$

$$(A_1 \cup A_2 \cup \cdots \cup A_n)^c = A_1{}^c \cap A_2{}^c \cap \cdots \cap A_n{}^c$$

→注　$\cap$, $\cup$ でも，Σ と同様の記法が広く用いられている.

$$\bigcap_{i=1}^{n} A_i = A_1 \cap A_2 \cap \cdots \cap A_n$$

$$\bigcup_{i=1}^{n} A_i = A_1 \cup A_2 \cup \cdots \cup A_n$$

と約束すると，上の法則は次の等式にかわる.

$$\left(\bigcap_{i=1}^{n} A_i\right)^c = \bigcup_{i=1}^{n} A_i{}^c \qquad \left(\bigcup_{i=1}^{n} A_i\right)^c = \bigcap_{i=1}^{n} A_i{}^c$$

1項演算は写像の特殊なものである. 補集合でみると，集合族PからPへの写像であるから，これをfで表わしてみよう.

$$f : P \longrightarrow P$$

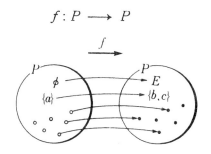

f を用いて，先の法則を表わしてみると，(i) は 写像の合成になる．恒等写像を e で表わせば

(i) $f(f(A))=A$　すなわち　$ff=e$

次に (ii) と (iii) は

$$f(A\cap B)=f(A)\cup f(B)$$
$$f(A\cup B)=f(A)\cap f(B)$$

となって，関数方程式であることがわかる．

たとえば，指数関数 $g(x)=a^x$ の性質を表わす等式 $a^{x+y}=a^x\times a^y$ すなわち

$$g(x+y)=g(x)\times g(y)$$

とくらべてみよ．その類似性に驚くはずである．

×　　　　　　　　　　×

このように，数学は，一見バラバラに見えるものの間から類似なところを発見し，次第に統合してゆくところに生命がある．この事実に背を向けることは，数学に背を向けることで，実りある数学の学習とはいいがたい．

● 練 習 問 題 (13) ●

70.　実数で $a_1a_2\cdots a_n=\prod\limits_{i=1}^{n}a_i$ で表わすことに約束すると，乗法に関する結合法則の拡張は，どのように表わされるか．

71.　集合 $E=\{a,b,c\}$ における乗法が次の表で与えられているとき，等式

$$xx^2=x^2x$$

をみたす元 x はどれか．

xy の表

x \ y	a	b	c
a	b	b	b
b	a	c	a
c	b	c	a

72. 前問で, 乗法について交換的なのは, どの元とどの元か.

73. $a^m a^n = a^{m+n}$ を用い, 数学的帰納法によって $(a^m)^n = a^{mn}$ を証明せよ.

74. 乗法について結合的集合の要素を a とする.

集合 $E = \{a^1, a^2, a^3, \cdots, a^n, \cdots\}$ における乗法は結合的か. また交換的か.

75. n が自然数のとき $(ab)^n = a^n b^n$ を用いて

$$(a_1 a_2 \cdots a_k)^n = a_1{}^n a_2{}^n \cdots a_k{}^n$$

を数学的帰納法によって証明せよ.

76. 実数の集合 $A = \{a_1, a_2, \cdots, a_n\}$ に対して, A から A の任意の1対1対応を f とするとき, 乗法に関する交換則の拡張

$$a_1 a_2 \cdots a_n = b_1 b_2 \cdots b_n$$

を, Π と f を用いて表わせ.

77. a, b が正の実数のとき a^b を $a \circ b$ で表わす. 演算 $\circ$ は結合的か. また交換的か.

78. A, B, C を集合とするとき, 次の式は正しいか. ベン図で確め, 次に集合算によってあきらかにせよ.

   (1) $A - B = A - A \cap B$

   (2) $A - (B - C) = A - B - C$

   (3) $A - (A - B) = A \cap B$

79. 1つの集合 M を固定し, A を任意の集合とするとき $M - A$ を $f(A)$ で表わす. このとき, 次の等式が成り立つか.

   (1) $f(f(A)) = A$

(2)　$f(A \cap B) = f(A) \cup f(B)$

(3)　$f(A \cup B) = f(A) \cap f(B)$

80.　集合 $E = \{a, b\}$ で，2つの演算 $\circ$ と $\triangle$ が次の表で与えられている．

$x \circ y$	a	b
a	a	b
b	b	a

$x \triangle y$	a	b
a	a	a
b	a	b

このとき，次の問に答えよ．

(1)　演算 $\circ$ に結合的か．

(2)　演算 $\triangle$ は結合的か．

(3)　$\circ$ の $\triangle$ に対する分配法則が成り立つか．

(4)　$\triangle$ の $\circ$ に対する分配法則が成り立つか．

14. 二重帰納法について

▓ 帰納法とそのシェーマ ▓

ある日，友人から，次の問題の解き方について相談を受けた．

──── 例題1 ────

n, r は自然数で

$$f(n, r) = (x^n - 1)(x^{n+1} - 1) \cdots (x^{n+r-1} - 1)$$

$$g(r) = (x - 1)(x^2 - 1) \cdots (x^r - 1)$$

のとき，$f(n, r)$ は $g(r)$ で割り切れることを証明せよ．

───────────────────────────────

数学的帰納法によらずに，簡単に証明ができそうでないことは，式をみただけで予想がつく．

n を固定し，r についての帰納法を試みたが失敗．そこで，r を固定し，n について帰納法を試みたが，これも見事失敗．

予備校のテキストの問題というから，高校生が対象．2変数を動かすはずはないと，取り組んでみたが成功しなかった．

n, r をともに変数とみて帰納法を試みれば，簡単に証明できることは，古典的問題として，前から知られている．

高校で指導する帰納法は，1つの変数について試みるものであるから**1変数帰納法**と呼んでおこう．

これよりも高度なのは，2つの変数について試みるもので，ふつう**2重帰納法**というらしいが，ここでは**2変数帰納法**と呼ぶことにする．

自然数全体の集合をNとするとき，Nの任意の元 n についての命題関数

$$p(n)$$

が，真であることを証明するのに，次の順序をふむのが，1変数帰納法の基本タイプである．

(i)　$n=1$ のとき $p(n)$ は真である.

(ii)　$n=k$ のとき $p(n)$ が真であると仮定すると，$n=k+1$ のとき
も $p(n)$ は真である.

次のように書きかえても内容は同じ.

(i)　$p(1)$ は真である.

(ii)　$p(k)$ が真ならば $p(k+1)$ は真である.　仮定と結論をはっきり
させるには，条件文を記号によって

$$p(k) \longrightarrow p(k+1)$$

と書き直してみるのがよい.

　帰納法一般の理解を助けるためのシェーマ（図解用の図）はないよう
であるが，私は次の図のような方眼の利用を提案したい.

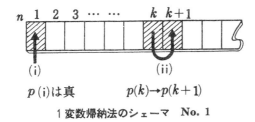

1変数帰納法のシェーマ　**No. 1**

帰納法によって，$p(n)$ がすべての n について成り立つことは見方をかえれば，(i), (ii) によって，すべての方眼が斜線でうめ尽されることである.

このシェーマは，一変数帰納法でみると，基本型のときは，有難みをそれほど感じないが，形がくずれてくると効力を発揮する.

とくに，2変数の帰納法になると，その有効性は倍増する感じである.

順序として，例1のような2変数の場合はあとへまわし，1変数の場合で，主要なタイプを高校程度の数学の中からひろってみよう.

─── 例題2 ───

正の整数 b を正の整数 a で割った余りを $R_a(b)$ であらわす.

(1)　a, b, c が正の整数とするとき

$R_a(bc) = R_a(R_a(b)R_a(c))$ を証明せよ.

(2)　$R_{12}(10^n) = 4$　$(n = 2, 3, \cdots)$

　　を数学的帰納法で証明せよ.　　　　　　　　　（大阪市立大）

(1) は (2) の帰納法のための予備知識である. 約束によって

$$b = aq + R_a(b)　　（q は整数）$$
$$c = aq' + R_a(c)　　（q' は整数）$$

両辺をそれぞれかけると

$$bc = a\{aqq' + R_a(c)q + R_a(b)q'\} + R_a(b)R_a(c)$$

{　} の中は整数であるから，bc を a で割ったときの余りは，$R_a(b)R_a(c)$ を a で割ったときの余りに等しい. このことを約束の記号で示すと

$$R_a(bc) = R_a(R_a(b)R_a(c))$$

(2) 1変数 n について数学的帰納法を試みる. n は2以上だから，2から出発する.

(i) $n=2$ のとき

$$R_{12}(10^2) = R_{12}(100) = 4$$

あきらかに成り立つ.

(ii) $n=k$ のとき成り立つとすると $n=k+1$ ときも成り立つことを示す.

証明することがらを

$k \geqq 2$ のとき

$$R_{12}(10^k) = 4 \longrightarrow R_{12}(10^{k+1}) = 4$$

と条件文で整理してみることは，学習方法としてたいせつである.

　問題が複雑になると，何から何を導くのか混乱することがしばしばある． この混乱を避けるためにも，帰納法では，証明の**定式化**を軽視すべきでないと思う.

　結論の式を，仮定の式を使いやすいようにかきかえてみる.

　これは証明のテクニック，または手法と称すべきものであろう． 数学を用いるために必要なこの種の手法を $+\alpha$ と呼ぶことにしよう.

　$+\alpha$ の由来は何か.

　数学の応用は，数学の知識のみで事足りるものではなく，数学を使うための数学以外の能力を必要とする． つまり

$$\left.\begin{array}{l} \text{数学の応用} \\ \text{問題の解決} \end{array}\right\} = \textbf{数学} + \boldsymbol{\alpha}$$

　$+\alpha$ の内容は複雑で簡単に分類できないが， 問題の類型ごとに存在することは否定できない.

　$+\alpha$ は，数学の内容に直結するものから， 論理一般， あるいは科学一般の方法まで， その範囲は広い.

プラス α がものをいう.

　例2の $+\alpha$ は，10^{k+1} を $10^{k} \times 10$ とかえるだけのもので，本質は分解という手法である.

$$R_{12}(10^{k+1}) = R_{12}(10^{k} \times 10)$$

ここで (1) を用い，さらに仮定を用いると

$$\begin{aligned} R_{12}(10^{k+1}) &= R_{12}(R_{12}(10^{k})\, R_{12}(10)) \\ &= R_{12}(4 \times 10) = R_{12}(40) \\ &= 4 \end{aligned}$$

となって目的を達した.

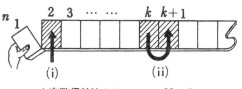

1 変数帰納法のシェーマ　No. 2

この場合のシェーマは，No.1 で方眼を1つけずったもの．

$n=2$ からはじめる帰納法の問題は，命題関数で，n を $n+1$ でおきかえると，$n=1$ からはじめる帰納法にかわる．

これを例2でみると

$$R_{12}(10^n)=4 \qquad (n=2,3,\cdots)$$
$$\Downarrow$$
$$R_{12}(10^{n+1})=4 \qquad (n=1,2,\cdots)$$

これは当然のことであるが，高校では，この程度のことも明確にさせるのが，親切であろう．

―――― 例題3 ――――――――――――――――――――――

数学的帰納法により，次の不等式を証明せよ．

$$n! < \frac{n^n}{2^{n-1}} \qquad (n=3,4,\cdots)$$

（関西学院大）

――――――――――――――――――――――――――――――――

この問題は，数学的帰納法としてみると，変数 n が3からはじまるところが例2と異なるだけで，質的な変化はない．

それにもかかわらず，例2よりはるかにむずかしいのは $+\alpha$ にある．$n=k+1$ の式の証明に，$n=k$ の式を利用するのがむずかしい．式の変形法が，たやすく気付かないからである．

(i) $n=3$ のとき

$$3! < \frac{3^3}{2^2}$$

この式は成り立つ．

(ii) $n=k$ のとき成り立つとして $n=k+1$ も成り立つことを証明する．

すなわち

$$k! < \frac{k^k}{2^{k-1}} \longrightarrow (k+1)! < \frac{(k+1)^{k+1}}{2^k}$$

を証明する.

結論の不等式の両辺を $k+1$ で割って

$$k! < \frac{(k+1)^k}{2^k} \qquad (k \geq 3) \qquad ①$$

を証明すればよい.

この着眼は，証明する式を上のように条件文で示してみないと，簡単には気付かない.

数学は式のフォームを巧みに用いる．これを逆にみれば，数学の思考は式のフォームの支配を受けるということ．考えやすく式の形をかえてみることがたいせつ.

$(k+1)^k$ に二項定理を用いると

$$\frac{(k+1)^k}{2^k} = \frac{k^k + k \cdot k^{k-1} + \cdots}{2^k} > \frac{2k^k}{2^k} = \frac{k^k}{2^{k-1}}$$

ここで仮定を用いれば，証明しようとした①が出る.

① を導くことに気付かず，$(k+1)^{k+1}$ に2項定理を用いると

$$(k+1)^{k+1} > k^{k+1} + (k+1)k^k = k^k(2k+1)$$

となって，仮定が使いにくい.

▨ 2つ以上仮定する場合 ▨

いままでの例は，k の場合を仮定して $k+1$ の場合を証明するもので，仮定する場合は，n の値1つでよかった.

これを一歩進めると，n の値を2つ以上仮定する場合になる.

高校には，この種の例はあまりない．簡単な例として，2つ仮定するものを挙げてみる.

―――― 例題 4 ――――

$$C_n = \cos n\theta \qquad (n=1,2,\cdots)$$

のとき，$x = \cos\theta$ とおけば，C_n は x についての n 次の多項式とな

ることを証明せよ．　　　　　　　　　　　　　　　　　　　　（都立大）

解き方を予想するため C_{n+1} を C_n で表わしてみる．

$$C_{n+1} = \cos(n+1)\theta = \cos n\theta \cos\theta - \sin n\theta \sin\theta$$
$$= C_n x - \sin n\theta \sin\theta$$

C_n と x の有理式にならない．

そこで，さらに，$\sin n\theta \sin\theta$ を和の形にかえてみる．

$$2C_{n+1} = 2C_n x - 2\sin n\theta \sin\theta = 2C_n x - C_{n-1} + C_{n+1}$$

$$\therefore \quad C_{n+1} = 2C_n x - C_{n-1} \qquad\qquad ①$$

C_{n+1} は C_n, C_{n-1} と x との有理式で表わされたから，帰納法の方針

が立つ．

→注　① は最初から

$$\cos(n+1)\theta + \cos(n-1)\theta = 2\cos n\theta \cos\theta$$

とすればやさしいが，はじめは気付かないだろう．

証明では，n の 2 つの値を仮定する．

(i) $k = 1, 2$ のとき

$$C_1 = \cos\theta = x$$
$$C_2 = \cos 2\theta = 2x^2 - 1$$

C_1, C_2 はともに x の多項式である．

(ii) $n = k, k-1$ のときを仮定して，$n = k+1$ のとき成り立つことを

証明する．すなわち

$$
\begin{array}{ccc}
C_k, C_{k-1} \text{ が } x \text{ の} & \longrightarrow & C_{k+1} \text{ は } x \text{ の} \\
\text{多項式である．} & & \text{多項式である．}
\end{array}
\qquad ②
$$

を証明する．（ただし $k \geqq 2$）

① から $C_{k+1}=2C_k x-C_{k-1}$ だから，② はあきらかに成り立つ．

これで証明が終った．

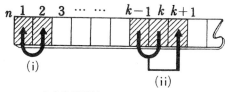

1 変数帰納法のシェーマ　No. 3

このシェーマの内容を次のように分析によって理解することこそ,帰納法の精神である．

この無限の手続きを一気に済すのが数学的帰納法である．

      (i)   (ii)
      ⇩   ⇩

1, 2 のとき成立 ⟶ 3 のとき成立

2, 3 のとき成立 ⟶ 4 のとき成立

3, 4 のとき成立 ⟶ 5 のとき成立

    ………………………………………
    ………………………………………

何回でもくりかえすことができる．
       ⇩
よって，すべての自然数について成立

――― **例題 5** ―――

実数 α より大きくない最大の整数を $[\alpha]$ という記号で表わす．

(1)　第 n 項 a_n が $\left[\dfrac{2n}{3}\right]$ であるような数列 $\{a_n\}$ の最初の 10 項をかきならべよ．

(2)　この数列の初項から第 n 項までの和を S_n とすれば，$S_n=\left[\dfrac{n^2}{3}\right]$ であることを証明せよ．

（慶応大工）

$\left[\dfrac{2n}{3}\right]$ の値を求めるには，n を3で割った余りによって分けてみればよい．このことは分母に3があることから容易に予想される．(1)はそれに気付かせるための親心で，(2)の前奏曲に過ぎない．

(1) 実際に求めてみる．

n	1	2	3	4	5	6	7	8	9	10
$\left[\dfrac{2n}{3}\right]$	0	1	2	2	3	4	4	5	6	6

この数列の特徴はグラフによると，鮮明に示され，(2)の証明の方針も確立しよう．

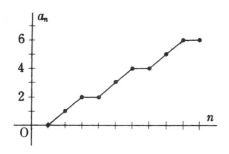

(2) よくみかける証明は，n の3つの値を仮定した帰納法である．それを参考にあげてみる．

(i) $n=1,2,3$ のとき

$$S_1 = 0 = \left[\frac{1^2}{3}\right]$$

$$S_2 = 0+1 = 1 = \left[\frac{2^2}{3}\right]$$

$$S_3 = 0+1+2 = 3 = \left[\frac{3^2}{3}\right]$$

いずれも成り立つ．

(ii) $n=3m+1,\ 3m+2,\ 3m+3$ のときに成り立つことを仮定して，

$n=3m+4,\ 3m+5,\ 3m+6$ のときにも成り立つことを証明する.

$$S_{3m+4}=S_{3m+1}+a_{3m+2}+a_{3m+3}+a_{3m+4}$$

$$=\left[\frac{(3m+1)^2}{3}\right]+\left[\frac{6m+4}{3}\right]$$

$$+\left[\frac{6m+6}{3}\right]+\left[\frac{6m+8}{3}\right]$$

$$=(3m^2+2m)+(2m+1)$$

$$+(2m+2)+(2m+2)$$

$$=3m^2+8m+5$$

一方 $\left[\dfrac{(3m+4)^2}{3}\right]$ を計算してみると, 上の式と一致するから

$$S_{3m+4}=\left[\frac{(3m+4)^2}{3}\right]$$

となって, $n=3m+4$ のときも成り立つことが示された.

　計算は略すが, 全く同様にして, $n=3k+5, 3k+6$ のときも成り立つことが示される.

×　　　　　　　　　×

　これで証明が終った.

　いままでにないタイプの帰納法であることに気付いたはず. 証明の構造をシェーマで示してみる.

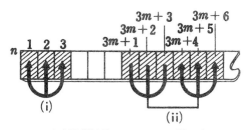

1変数帰納法のシェーマ　No. 4

　3つずつグループをなして, 命題の成立が保証されていく仕組みで

ある.

　この帰納法は誤りではないが無駄が多い. n にこだわり過ぎた感じである. n についての命題を k についての3つの命題に分解すれば, 帰納法の部分は3分の1に縮小でき, 残りの3分の2はふつうの証明にかわる.

$$p(n) \begin{cases} p(3m+1) \iff q_1(m) \\ p(3m+2) \iff q_2(m) \\ p(3m+3) \iff q_3(m) \end{cases}$$

　$q_1(m)$ は帰納法ですべての m について成り立つことを示す. そのあとで $q_1(m)$ から $q_2(m)$, さらに $q_2(m)$ から $q_3(m)$ を演繹法で導けば, 完全な証明になる.

$$q_1(m) \longrightarrow q_2(m) \longrightarrow q_3(m)$$

　　数学的　　ふつう　　　　　ふつう
　　帰納法　　の証明　　　　　の証明

　この方法で, 証明をやり直してみる.
　最初に証明することは

$$S_{3m+1} = \left[\frac{(3m+1)^2}{3} \right] \qquad\qquad ①$$

すなわち

$$S_{3m+1} = 3m^2 + 2m \qquad (m = 0, 1, 2, \cdots)$$

が $m = 0, 1, 2, \cdots$ について成り立つこと.

　(i)　$m = 0$ のとき

$$S_1 = 0 = 3 \cdot 0^2 + 2 \cdot 0 \qquad 成立$$

　(ii)　$m = k$ のとき成り立つとして, $m = k+1$ のとき成り立つことを示す.
　すなわち

$$S_{3k+1}=3k^2+2k \longrightarrow S_{3k+4}=3(k+1)^2+2(k+1)$$
$$=3k^2+8k+5$$

$$S_{3k+4}=S_{3k+1}+a_{3k+2}+a_{3k+3}+a_{3k+4}$$

途中の計算は前の証明と同じだから略し

$$S_{3k+4}=3k^2+8k+5$$

よって, ① は $m=0, 1, 2, \cdots$ に対して成り立つ.

(iii)　次に

$$S_{3m+2}=\left[\frac{(3m+2)^2}{3}\right]=3m^2+4m+1$$
$$(m=0, 1, 2,) \qquad\qquad ②$$

を証明する. これには ① は用いればよい.

$$S_{3m+2}=S_{3m+1}+a_{3m+2}$$
$$=3m^2+2m+\left[\frac{6m+4}{3}\right]$$
$$=3m^2+2m+2m+1$$
$$=3m^2+4m+1$$

これで ② が証明された.

(iv)　同様にして ② から

$$S_{3m+3}=\left[\frac{(3m+3)^2}{3}\right]=3m^2+6m+3$$
$$(m=0, 1, 2, \cdots)$$

も証明される.

この証明は3段階になっており, 次のシェーマで示されよう.

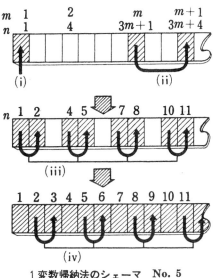

1変数帰納法のシェーマ　**No. 5**

▨ **2変数帰納法の証明** ▨

　ここで，保留してあった例1の証明にもどる．

　n, r についての命題を

$$p(n, r)$$

とする．

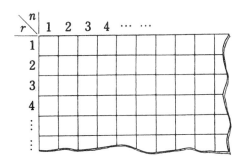

n, r は自然数である以外になんの制限もないとすると，上のシェーマ

2変数帰納法はぬり絵のようなもの．すべてをぬりつぶせ．

の方眼のすべてで成り立つことの証明になる．

　したがって，証明は，この平面を斜線で塗りつぶすことと同じ．塗りつぶす順序はいろいろあり，それに対応して証明もいろいろあるというわけである．塗り方の選択は，与えられた問題の内容に即して，おのずから定まることが多い．

　例1では，どんな順序の塗り方になるか．それを見つけるのが，問題解法における $+\alpha$ である．

　$f(n+1, r+1)$ が $g(r+1)$ で割り切れることを証明するのであるから，とにかく，はじめの式の変形をあれこれと試みる．

$$f(n+1, r+1)$$
$$= (x^{n+1}-1)\cdots(x^{n+r}-1)(x^{n+r+1}-1)$$

最後の因数を

$$x^{n+r+1}-x^{r+1}+x^{r+1}-1$$

$$= (x^n - 1) x^{r+1} + (x^{r+1} - 1)$$

とかきかえてみると,上の式は2つに分解される.

$$f(n+1, r+1)$$
$$= (x^n - 1)(x^{n+1} - 1) \cdots (x^{n+r} - 1) x^{r+1}$$
$$+ (x^{n+1} - 1) \cdots (x^{n+r} - 1)(x^{r+1} - 1)$$

これをさらに関数記号で表わすと

$$f(n+1, r+1) = f(n, r+1) x^{r+1}$$
$$+ f(n+1, r)(x^{r+1} - 1) \qquad ①$$

したがって,次の2つを仮定すれば,帰納法を利用する道が開ける.

$f(n, r+1)$ は $g(r+1)$ で割り切れる.

$f(n+1, r)$ は $g(r)$ で割り切れる.

この事実を,方眼のシェーマ上に視覚化してみると,A, B を仮定してCを導くことである. この反復利用によって,全体が塗りつぶされるためには, いちばん上の行と,左端の列とが塗られていなければならない. 証明でみると,次の2つの事柄の証明になる.

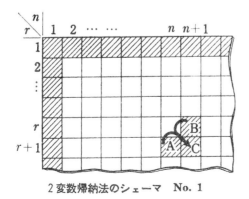

2変数帰納法のシェーマ No. 1

　　$r=1$ で, n が任意のときの証明

　　$n=1$ で, r が任意のときの証明

これで証明の方針が完全に立った.

×　　　　　　　　　　　　　×

例 1 の証明

(i)　$r=1$ のとき

　　　$f(n, 1) = x^n - 1$

　　　$g(1) = x - 1$

　$f(n, 1)$ は $g(1)$ で割り切れる.

(ii)　$n=1$ のとき

　　　$f(1, r) = (x-1)(x^2-1)\cdots(x^r-1)$

　　　$g(r) = (x-1)(x^2-1)\cdots(x^r-1)$

　$f(1, r)$ は $g(r)$ で割り切れる.

(iii)　$f(n, r+1)$ は $g(r+1)$ で割り切れる.

　　　$f(n+1, r)$ は $g(r)$ で割り切れる.

この 2 つを仮定して

　　　$f(n+1, r+1)$ は $g(r+1)$ で割り切れる.

を証明しよう.

　先に導いた等式 ① を用いる.

$$f(n+1, r+1)$$
$$= \underbrace{f(n, r+1)x^{r+1}}_{g(r+1) \text{ の倍数}} + \underbrace{f(n+1, r)(x^{r+1}-1)}_{g(r) \text{ の倍数}}$$

$$\underbrace{\qquad\qquad}_{g(r+1) \text{ の倍数}}$$

あきらかに, $f(n+1, r+1)$ は $g(r+1)$ で割り切れる.

これで目的を達した.

×　　　　　　　　　　　　　×

次に，２変数帰納法で別のタイプのものをあげてみる．

—— **例題 6** —————————————————————————

　　n 個のものから r 個とる組合せの数は

$$_nC_r = \frac{n!}{r!(n-r)!}$$

で与えられることを証明せよ．

————————————————————————————————

　　n, r はふつう自然数であるが，０の場合へ拡張して使うことが多い．しかしここでは０を除いておく．

　　n, r の間には $r \leqq n$ の制限があり，証明する範囲は，シェーマでみると，対角線上のタイル，およびその上方で示される．

　　証明の手がかりとしては，公式

$$_{n+1}C_{r+1} = {}_nC_r + {}_nC_{r+1} \qquad\qquad ①$$

が連想されよう．

　　この等式は，高校の多くの教科書に出ているが，念のため証明しておこう．

　　$n+1$ 個のものから $r+1$ 個のものをとる組合わせは，ある特定の元 a を含むか含まないかによって，２つに分けられる．

　　元 a を含むもの

　　a を除く n 個のものから r 個とり出して，a を追加すればよいから，その総数は

$$_nC_r$$

である．

　　元 a を含まないもの

　　a を除く n 個のものから $r+1$ 個とり出せばよいから，その総数は

$$_nC_{r+1}$$

である．

したがって，等式 ① が成り立つ.

帰納法の場合は，① を式の計算によって証明したのでよい.

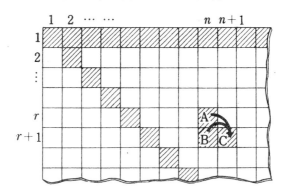

等式 ① はシェーマでみると，A, B で成り立てばCでも成り立つことを表わしている.

これを反復利用して，成立する部分をうめるには，いちばん上の行と，対角線上とがうまっておればよい.

そこで次の証明になる.

(i)　$r=1$ のとき

$_nC_1=n$. よって

$$_nC_1 = \frac{n!}{1!(n-1)!}$$

が成り立つ.

(ii)　$n=r$ のとき

$_nC_n=1$. よって

$$_nC_n = \frac{n!}{n!(n-n)!}$$

は成り立つ.

(iii)　$_nC_r, _nC_{r+1}$ について等式が成り立つとして，$_{n+1}C_{r+1}$ についても成り立つことを示せばよい.

実例で予想を立てよ.

$$
{}_nC_r + {}_nC_{r+1} = \frac{n!}{r!(n-r)!} + \frac{n!}{(r+1)!(n-r-1)!}
$$

$$
= \frac{n!\{r+1+n-r\}}{(r+1)!(n-r)!}
$$

$$
= \frac{(n+1)!}{(r+1)!(n-r)!} = {}_{n+1}C_{r+1}
$$

これで証明が終わった.

▨ 帰納と数学的帰納法 ▨

　ある研究会で「帰納は発見的方法であって証明法ではないから，帰納によって予想したものは,その真偽を演繹によって検討しなければならない」というようなことを話したら「数学的帰納法は証明に使うじゃないか」との反論があった.

　数学的帰納法は，名は帰納だが実は証明法なのである.

　自然数の性質を承認した上での,立派な証明法であって，演繹に含め

るべき性格のものである.

数学的帰納法は, 与えられた命題を証明するだけでは興味が半減するし, 創造にもつながらない.

前奏として, 帰納や類推を試み, 成立するらしい命題を予想し, それを証明するという順序が, 学習としては価値が高い.

最近は入試問題の作成も慎重になり, そのような問題がポツポツ現れるのは, 好ましい傾向である.

そのような例を一つあげてみる.

───── 例題 7 ─────

数列 $\{a_n\}$ において, $a_2=9$ で, かつ

$$(n-1)a_{n+1}=(n+1)a_n-2 \quad (n=1, 2, \cdots)$$

という関係があるとき, この数列の一般項 a_n を, 次のようにして求めよ.

(1) a_1 および a_3, a_4, a_5 を実際に求めて, それから一般項を推定せよ.

(2) この推定の正しいことを数学的帰納法で証明せよ.

─────────────────────

(1) 実際に求めてみると

a_1	a_2	a_3	a_4	a_5
1	9	25	49	81

奇数の平方であって a_n は

$$a_n=(2n-1)^2$$

となることが推定される.

(2) やさしい. $n=1$ のとき成り立つことは (1) でわかっているから

$$a_k=(2k-1)^2 \longrightarrow a_{k+1}=(2k+1)^2$$

を示せば十分.

与えられた等式を用いて

$$a_{k+1}=\frac{(k+1)a_k-2}{k-1}$$

これに $a_k=(2k-1)^2$ を代入して簡単にすると, $a_{k+1}=(2k+1)^2$ がえられる.

×　　　　　　　　　　×

仮りに問題が結果を推定することを要求していなくとも, 結果が与えられておらない場合には, 帰納や類推によって, 結果を推定してみる習慣をつけたいものである. とくに, 結果が自然数 n についての命題の場合には, $n=1,2,3,4$ などのときに当ってみることは, 収穫が大きいものである.

───── **例題 8** ─────

多項式 $P_n(x)$ $(n=0,1,2,\cdots)$ を

$$P_0(x)=1$$
$$P_{n+1}(x)=P_n(x)(1+2xP_n(x))$$
$$(n=0,1,2,\cdots)$$

によって定義する.

(1) $P_n(x)$ の 1 次の係数を求めよ.

(2) $P_n(x)$ の次数を求めよ.

───────────────────────

初歩のやり方としては, 実際に求めてみて, 一般の場合を推測する.

$$P_0=1$$
$$P_1=P_0(1+2xP_0)=1+2x$$
$$P_2=P_1(1+2xP_1)=1+4x+8x^2+8x^3$$

$$P_3 = P_2(1 + 2xP_2) = 1 + 6x + \cdots + 128x^7$$

1 次の係数をみると

$$P_0 \quad P_1 \quad P_2 \quad P_3 \cdots\cdots$$

一次の係数　0　　2　　4　　6　……

一般に $2n$ となることが推定される．証明は帰納法によればよい．

次数をみると

$$P_0 \qquad P_1 \qquad P_2 \qquad P_3 \cdots\cdots$$

次数　0 次　　1 次　　3 次　　7 次　……

一般の場合の推定はちょっとむずかしいが $(2^n - 1)$ 次になる．これも証明は帰納法によればよいだろう．

一歩進んだ解き方は，漸化式の誘導である．

P_n の 1 次の係数を a_n とすると

$$P_n = 1 + a_n x + \cdots$$

$$\begin{aligned} P_{n+1} &= P_n(1 + 2xP_n) \\ &= (1 + a_n x + \cdots)(1 + 2x + \cdots) \\ &= 1 + (a_n + 2)x + \cdots \end{aligned} \qquad ①$$

$$\underline{a_{n+1} = a_n + 2}$$

$\{a_n\}$ は $a_0 = 0$, 公差 2 の等差数列だから

$$a_n = 2n$$

P_n の次数を p_n とおくと，① から

$$p_{n+1} = 2p_n + 1 \qquad p_0 = 0$$

この漸化式も簡単に解けて

$$p_n = 2^n - 1$$

$$\times \qquad\qquad\qquad \times$$

数学的帰納法は，帰納・類推と結びつけて綜合的に学ぶとき，真に生かされるのではなかろうか.

◉ 練 習 問 題 (14) ◉

81. n を自然数とするとき

(1) $(2+\sqrt{3})^n$ は適当に整数 a, b を選ぶと $a+b\sqrt{3}$ と表わされることを証明せよ.

(2) 上の a, b を用いれば

$$(2-\sqrt{3})^n = a - b\sqrt{2}$$

が成り立つことを証明せよ.

82. 数列 $a_1, a_2, a_3, \cdots$ が

$$a_1 = a_2 = 1,$$
$$a_{n+2} = a_{n+1} + a_n \qquad (n=1,2,3,\cdots)$$

をみたすとき a_{4k} $(k=1,2,3,\cdots)$ は 3 の倍数であることを証明せよ.

(一橋大)

83. n が自然数のとき $0 \leq \theta \leq \pi$ に対して不等式

$$|\sin n\theta| \leq n \sin \theta$$

が成り立つことを証明せよ.

84. 任意の有理数 x, y について

$$f\left(\frac{x+y}{2}\right) = \frac{f(x)+f(y)}{2}$$

をみたす関数 $f(x)$ がある.

x が与えられた有理数のとき, すべての自然数 n について

$$f(nx) = nf(x) - (n-1)f(0)$$

が成り立つことを証明せよ.

85. $g(x)$ が下に示した関数であって, 数列 $\{a_n\}$ において

$$a_1 = 1$$

$$a_{n+1}=(a_n+1)g(2-a_n) \quad (n=1, 2, \cdots)$$

であるとき, $a_{n+3}=a_n$ が成り立つことを証明せよ.

$$g(x)=\begin{cases} 0 & (x\leqq 0) \\ x & (0<x<1) \\ 1 & (1\leqq x) \end{cases}$$

86. n, r が自然数のとき

$$P(n, r)=n(n+1)\cdots(n+r-1)$$

は $r!$ で割り切れることを証明せよ.

87. 数 $\{a_n\}$ において $a_1=1, a_2=-2$

$$a_{n-1}+a_n=(-1)^{n-1} \quad (n=2, 3, \cdots)$$

であるとき a_n を推定し, それを数学的帰納法によって証明せよ.

88. 数学的帰納法によって

$$\left(\frac{n+1}{2}\right)^n>n! \quad (n=2, 3, \cdots)$$

を証明せよ.

15.ウルトラ距離

▨ 珍しい2つの問題 ▨

現代化の一環として写像の概念が強調されるに伴い，関数記号を用いた問題が多くなりつつある．それらの中から，珍しい問題を2つ拾い出し，それを主軸に話題を展開させてみよう．

───── 例題1 ─────────────────────────────

p を一定の素数とする．0でない有理数 x は p と互に素な整数 a,b と整数 m で

$$p^m \frac{b}{a}$$

と表わされる．このとき，m は x に対して一意的に定まるから，$f(x)=m$ と定義する．

$f(x)$ は0以外の有理数全体を変域とする関数である．次の (1)，(2) を証明せよ．

ただし，$\min\{a,b\}$ は a,b の大きくない方を表わす．

(1)　$f(xy)=f(x)+f(y)$

(2)　$f(x) \neq f(y)$　ならば
　　　$f(x+y)=\min\{f(x),f(y)\}$

(46　名城大)

───

この問題のふるさとの訪問や意義についてはあとで一括して触れることにし，さしあたり，解答を示すことにしよう．

0を除いた有理数全体の集合を $\mathbf{Q}_0$，実数全体の集合を $\mathbf{R}$ とすると，f は $\mathbf{Q}_0$ から $\mathbf{R}$ への写像である．

$$f:\mathbf{Q}_0 \longrightarrow \mathbf{R}$$

定義からわかるように，値域は非負の整数全体の集合である．

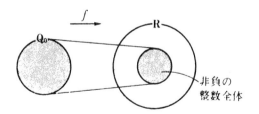

(1)　$x = p^m \dfrac{b}{a}$,　$y = p^n \dfrac{d}{c}$　とおくと

　　　$f(x) = m$,　$f(y) = n$

さらに　　　$xy = p^{m+n} \dfrac{bd}{ac}$

a, b, c, d は素数 p と互に素であるから，ac, bd も p と互に素である．したがって

$$f(xy) = m + n = f(x) + f(y)$$

簡単に解決された．

(2)　$f(x) \neq f(y)$　から　$m \neq n$

仮定と結論は x, y を入れかえても変わらないから，$m < n$ と仮定しても，一般性を失わない．

$$x + y = p^m \frac{b}{a} + p^n \frac{d}{c} = p^m \frac{bc + adp^{n-m}}{ac}$$

ac は p と互に素である．

また $bc + adp^{n-m}$ も p と互に素である．なぜかというに，adp^{n-m} は p で割り切れ，bc は p で割り切れないから．

　したがって

$$f(x + y) = m = \min\{m, n\}$$

すなわち

$$f(x+y)=\min\{f(x), f(y)\}$$

　見かけほどはむずかしい問題ではないが，今の学生の苦手な関数記号や min があるから，成績は振わなかったのであろう．

     ×   ×

　(2) には仮定 $f(x)\neq f(y)$ がある．この仮定がなかったら，結論はどう変わるだろうか．

　数学では，この方が一般的で，重要なのだが，出題者は，他の問題とのバランスを考慮し，省略したものと思われる．

　一般の場合を知るには，$f(x)=f(y)$ の場合を追加すれば十分である．

　$m=n$ であると

$$x+y=p^m\frac{bc+ad}{ac}$$

ac は p と互に素であることは前と同じ．

　分子の $bc+ad$ は，p と互に素とは限らない．bc, ad が p で割り切れなくとも，$bc+ad$ が p で割り切れることはありうる．

　たとえば $3, 7, 9, 5$ は 2 で割り切れないが $3\times7+9\times5=66$ は 2 で割り切れる．

　そこで $bc+ad=p^l e$　(l は非負の整数，e は p と互に素なる整数)とおくと

  ・ $x+y=p^{m+l}\dfrac{e}{ac}$

    $\therefore\quad f(x+y)=m+l\geqq m=\min\{m, n\}$

  $f(x+y)\geqq\min\{f(x), f(y)\}$

そこで，次の結論に達した．

　(3) $f(x+y)\geqq\min\{f(x), f(y)\}$

なお，あとのことを考慮し，次の等式の成り立つことも注意しておこう．

(4)　$f(-x)=f(x)$

この等式は $f(x)$ の定義から自明に近いが，(1) から導くことができる．

(1) で $x=y=1$ とおいて

$$f(1)=f(1)+f(1)\qquad\therefore\quad f(1)=0$$

また $x=y=-1$ とおいて

$$f(1)=f(-1)+f(-1)\qquad\therefore\quad f(-1)=0$$

よって

$$f(-x)=f((-1)x)=f(-1)+f(x)=f(x)$$

―――― 例題 2 ――――

A$=\{1,2,\cdots,n\}$ に属する任意の相異なる数 i,j について，正の数 $v(i,j)$ が定義されていて，つぎの性質をみたしている．

[性質 1]　A に属する任意の相異なる 3 数 i,j,k について

$$v(i,j)\geqq\min\{v(i,k),v(k,j)\}$$

[性質 2]　A に属する任意の相異なる i,j について

$$v(i,j)=v(j,i)$$

(i)　このときつぎの命題のうちで，必ず成り立つものにはその理由を述べ，必ずしも成り立たないものについては反例をあげよ．

(a)　A に属する任意の相異なる i,j,k について

$$v(i,j)\leqq v(i,k)+v(k,j)$$

(b)　A に属する任意の相異なる i,j,k,l について

$$v(i,j)\geqq\min\{v(i,k),v(k,l),v(l,j)\}$$

(ii) つぎの ☐ の中に適当な答を記入せよ.

(c) $v(i,j)$, $v(j,k)$, $v(k,i)$

のうち少なくとも ☐ 個は相等しい.

(d) すべての $v(i,j)$ のうち, 相異なる値のものの個数は多くと
も ☐ 個である.   (慶　大)

ユニークな問題である. 予備知識は高数の範囲で十分であるが, 学
生には不慣れな内容, 出題形式であるから, かなり手ごわいであろう.

問題解決の手がかりは, 性質1, 2をみたす具体例の作成にあろう. そ
こが, この問題のおもしろさで, 数学的アタマのテストにもなろうとい
うもの.

そこで, 気付いた具体例を二三あげてみる.

具体例1

最も簡単なのは, すべての $v(i,j)$ が1に等しい場合である.

しかし, 残念なことに, この例では (i)-(a) の反例が現れない.

具体例2

Aは最低3つの要素が必要であるから, 最も簡単な $A = \{1, 2, 3\}$ で
具体例を作る.

たとえば

$v(1,2) = v(2,1) = 1$,　$v(1,3) = v(3,1) = 1$,　$v(2,3) = v(3,2) = 3$

これだと, 性質1, 2をみたすが

$$v(2,3) > v(2,1) + v(1,3)$$

だから, (i)-(a) の反例になる.

具体例3

もう少し一般化して

$$v(i,j) = \begin{cases} 3 & (i-j \text{ が偶数}) \\ 1 & (i-j \text{ が奇数}) \end{cases}$$

ときめてみよう.

つねに等式

$$i - j = (i - k) + (k - j)$$

が成り立つから, $i-j, i-k, k-j$ はすべてが偶数か, または, 1 つ偶数で 2 つ奇数かのいずれかしか起きない. したがって, $v(i,j), v(i,k), v(k,j)$ の値の組合せは, 次の 4 通りにつきる.

	$v(i,j)$	$v(i,k)$	$v(k,j)$
①	3	3	3
②	1	3	1
③	1	1	3
④	3	1	1

どの場合に当ってみても, 性質 1 は成り立ち, ④ の場合には (i)-(a) の反例になる.

具体例 4

さらに一般化し

$$v(i,j) = \min\{i,j\}$$

と定めてみよ. この定め方は初歩的であるが性質 1, 2 をみたすことが簡単に出て, エレガントな実例の実感が強いだろう.

性質 2 は定義から自明.

性質 1 を証明してみる.

$$v(i,j) = \min\{i,j\} \geqq \min\{i,k,j\} \tag{①}$$
$$= \min\{\min(i,k), \min(k,j)\} \tag{②}$$

$$= \min\{v(i, k), v(k, j)\}$$

→注　①, ② で使ったことがらは, 次の 2 つ.

$$A \subset B \Rightarrow \min A \geqq \min B$$

$$P = A \cup B \Rightarrow \min P = \min\{\min A, \min B\}$$

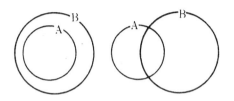

さて, この具体例で (i)-(a) の反例はないか. 数直線で考えるとやさしい.

このような反例はこのほかにもある.

具体例 5

性質 1 は, 例題 1 で追加した不等式 (3)

$$f(x+y) \geqq \min\{f(x), f(y)\}$$

に多少似ている. 例題 1 と何か関係がありそうだ という予感がするだろう.

その予感の正当性については, あとで詳しく考えることにし, 例題 1 のまねをしてみよう.

$i-j$ が 2 の何乗で割り切れるかを調べ

$$i-j = 2^m a$$

$(m$ は非負の整数，a は 2 と互に素な整数$)$

の形にかきかえたとき，$v(i, j)$ の値として 2^m を選んでみる.

$$v(i, j) = 2^m$$

これが性質 2 をみたすことはあきらか.

性質 1 をみたすことは，例題 1 の (2), (3) と全く同様にして証明される.

$v(i, k) = m,\ v(k, j) = n$ とおくと　$i - k = 2^m a,\quad k - j = 2^n b$

$$\therefore\quad i - j = 2^m a + 2^n b$$

$m < n$ のとき　$i - j = 2^m(a + 2^{n-m}b)$

(　) の中は 2 で割り切れないから

$$v(i, j) = 2^m$$

$m = n$ のとき　$i - i = 2^m(a + b)$

$a + b$ は 2 で割り切れるかもしれないから

$$v(i, j) \geqq 2^m$$

いずれにしても

$$v(i, j) \geqq v(i, k) = \min\{v(i, k),\ v(k, j)\}$$

となって性質 1 がみたされる.

(i)-(a) の反例

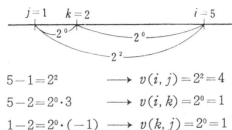

$5 - 1 = 2^2 \qquad\longrightarrow\quad v(i, j) = 2^2 = 4$

$5 - 2 = 2^0 \cdot 3 \qquad\longrightarrow\quad v(i, k) = 2^0 = 1$

$1 - 2 = 2^0 \cdot (-1) \longrightarrow\quad v(k, j) = 2^0 = 1$

$\times \qquad\qquad\qquad\qquad \times$

具体例をあげるのはこれ位にして，問題の解決に目を向けよう．

(i)-(a)　反例があったから，正しくない．

(i)-(b)

これは正しい．性質1を2回用いれば出る．

$$v(i, j) \geqq \min \{v(i, k), v(k, j)\} \qquad ①$$

さらに，k, j に対して第3の数 l をかりると

$$v(k, j) \geqq \min \{v(k, l), v(l, j)\} \qquad ②$$

① の { } の中の数を，それ以下の数 ② で置きかえても，不等号の向きは保たれるから，(b)の不等式は成り立つ．

(ii)-(c)

具体例でみて来たように，少くとも2つは等しい．

このことは，一般に成り立つことを証明しないと解答にはならない．

背理法による．それには3つがすべて異なるとすると，矛盾に達することを示せばよい．

$$v(i, j) = a, \quad v(i, k) = b, \quad v(k, j) = c$$

とおく．たとえば　$a < b < c$　であったとすると，$\min \{b, c\} = b$ だから

$$a \geqq \min \{b, c\}$$

は成り立たず，性質1に反する．

(iii)-(d)

なんといっても，これがいちばんやっかい．

具体例から推定し，証明にうつる．

具体例3の　$v(i, j) = \min \{i, j\}$　によってみる．

$$A_n = \{1, 2, 3, \cdots, n\} \qquad (n = 3, 4, \cdots)$$

とおき，これに対応する $v(i, j)$ 全体の集合を B_n で表わすことにしよう．

$A_3 = \{1, 2, 3\}$ のとき

$$B_3 = \{1, 2\} \qquad m(B_3) = 2$$

記号 $m(B_3)$ は集合 B_3 の要素の個数を表わすと約束する.

$A_4 = \{1, 2, 3, 4\}$ のとき

$$B_4 = \{1, 2, 3\} \qquad m(B_4) = 3$$

この例では, 一般に

$$m(B_n) = n - 1$$

しかし, 具体例1では $m(B_n) = 1$ であった.

これらのことから類推して, 一般には

$$m(B_n) \leqq n - 1 \qquad (n = 3, 4, \cdots)$$

この証明は, 帰納法でないとむりであろう.

$n = 3$ のとき成り立つ.

$n = k$ のとき成り立つとして, $n = k+1$ のとき成り立つことを示す. すなわち

$$m(B_k) \leqq k - 1 \longrightarrow m(B_{k+1}) \leqq k$$

を証明しよう.

$A_k = \{1, 2, \cdots, k\}$ に要素 $k+1$ を追加して, $A_{k+1} = \{1, 2, \cdots, k, k+1\}$ を作ると, これに対応して B_k に

$$v(1, k+1), \quad v(2, k+1), \cdots, v(k, k+1)$$

が追加されて, B_{k+1} ができる.

上の場合の集合をCとすると

$$B_{k+1} = B_k \cup C$$

したがって, $C - B_k$ の要素の個数が高々1であることを示せば, 証明の目的を達する.

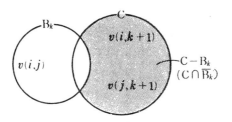

もし $C \subset B_k$ ならば

$$m(B_{k+1}) = m(B_k) \leq k-1 < k$$

$C \subset B_k$ でないときは，$C-B_k$ に少くとも 1 つの 要素がある．その要素がすべて等しいことを示せばよい．

$C-B_k$ の 2 つの要素を $v(i, k+1), v(j, k+1)$ とする．　これに対応して，B_k の要素 $v(i, j)$ を選ぶと

$$v(i, j) \neq v(i, k+1)$$
$$v(i, j) \neq v(j, k+1)$$

ところが，$v(i, j), v(i, k+1), v(j, k+1)$ のうち少くとも 2 つは等しいから

$$v(i, k+1) = v(j, k+1)$$

でなければならない．

これによって，$C-B_k$ の要素はすべて等しいことがわかった．

$$\therefore \quad m(C-B_k) = 1$$

$$\therefore \quad m(B_{k+1}) = m(B_k) + m(C-B_k) \leq k$$

以上から，いずれにしても

$$m(B_k) \leq k$$

の成り立つことがわかった．

　　　　　　　×　　　　　　　　　　　　×

　例題2は，性質2の min を max にかえ，不等号の向きを反対にしても同様の問題ができる．これについては 練習問題2 をみて頂くことにしよう．

▨ 絶対値の概念 ▨

　例題1の写像 $f(x)$ は，絶対値の概念の拡張に関連があり，例題2の $v(i, j)$ は，2点 i, j の距離の概念の拡張に関連がある．このことを高数の予備知識の範囲であきらかにし，現代数学の屋敷内をかいまみることにしよう．

　絶対値ときけば，読者は実数の絶対値を連想するであろう．実数は数に関する種々の概念を生み出す母体であるから，それは当然な態度とみてよい．

　実数 x の絶対値は $|x|$ で表わす．

　実数全体の集合を $\mathbf{R}$，非負の実数全体の集合を $\mathbf{R}_0$ で表わすと，$|\ |$ は $\mathbf{R}$ から $\mathbf{R}_0$ への写像である．

$$|\ | : \mathbf{R} \longrightarrow \mathbf{R}_0$$

　記号 $|\ |$ で写像を表わすのは奇異に感じるかと思うが，これが現代流なのである．

　どうも，しっくりしないという諸君は，$|\ |$ の代りに f を用いればよい．$|\ |$ も f も要するに記号に過ぎない．どちらも抵抗なく用いられるように，頭を切りかえたいものである．

　実数の絶対値の性質をまとめると

$$A_0 \quad |x| \geqq 0$$
$$A_1 \quad |x| = 0 \iff x = 0$$

すなわち $|x|$ が0になるのは，x が0になるときに限る．

A₂ $|xy|=|x||y|$

A₃ $|x+y|\leqq|x|+|y|$

このほかにもあるが, それらは A₀〜A₃ から導かれるから省略した.
たとえば A₂ で $y=-1$ とおくことによって

A₄ $|-x|=|x|$

また A₂ を用いることによって, $y\neq0$ のとき

$$\left|\frac{x}{y}\right||y|=\left|\frac{x}{y}\cdot y\right|=|x|$$

$$\therefore \quad \left|\frac{y}{x}\right|=\frac{|x|}{|y|}$$

×   ×

複素数にも絶対値があった. $x=a+bi$ の絶対値 $|x|$ は $\sqrt{a^2+b^2}$ に
よって定義されるが, 共役複素数を用いれば

$$|x|=\sqrt{x\bar{x}} \tag{①}$$

と簡単に表わされる.

複素数全体の集合を **C** とすると, この場合の | | は **C** から **R₀** への写
像である.

| | : **C** ⟶ **R₀**

この | | が, 実数の場合と全く同じ性質 A₀〜A₃ をみたすことは, 定
義 ① によって, すべて確められる. これは手ごろな練習になると思う
ので, 練習問題3へまわす.

×   ×

さて, ここで, 一段と数学らしく, レベルアップを試みよう.

複素数 $x=a+bi$ の絶対値は $\sqrt{a^2+b^2}$ ときめてあるが, 同じ性質を

保って，定義をかえる道があるだろうか．というように想像のつばさ
を伸してみようではないか．想像が創造につながれば，われわれは，
1つの天地を発見したことになる．数学的精神とは，フロンテアの精
神に通ずる．既製のワクを保守するのみでは「井戸の中のかわず大海
を知らず」で，視野の矮小化に拍車をかけるのみになろう．

$x=a+bi$ の絶対値を $|a|+|b|$ ときめたとしたらどうなるか．この絶
対値を，先の絶対値と区別するため，$f(x)$ で表わしてみる．

$$f(x)=|a|+|b|$$

性質 A_0〜A_3 をみたすかどうか，順に当ってみる．

A_0　あきらか．

A_1　$f(x)=0$ となるのは $|a|+|b|=0$, すなわち $a=0, b=0$, すなわち
$x=0$ のときに限るから

$$f(x)=0 \Longleftrightarrow x=0$$

が成り立つ．

A_2　$x=a+bi,\ y=c+di$ とおくと

$$xy=(ac-bd)+(ad+bc)i$$
$$\therefore\quad f(xy)=|ac-bd|+|ad+bc|$$

一方　　$f(x)f(y)=(|a|+|b|)(|c|+|d|)$

一般には

$$f(xy) \neq f(x)f(y)$$

であるから，A_2 は成り立たない．

A_3　$x+y=(a+c)+(b+d)i$ から

$$f(x+y)=|a+c|+|b+d|$$
$$\leqq |a|+|c|+|b|+|d|$$

$$= f(x) + f(y)$$

となるから，A_3 は成り立つ.

×　　　　　　　　　　　×

部分的修正の必要が起きた. A_2 をどのように修正すればよいか.

x, y の一方が実数であれば，A_2 は成り立つ.

すなわち λ を実数，z を複素数とすると

$$x = a + bi, \quad \lambda x = \lambda a + \lambda bi$$

したがって

$$f(\lambda x) = |\lambda a| + |\lambda b| = |\lambda|(|a| + |b|)$$
$$f(\lambda x) = |\lambda| f(x)$$

となるからである.

この修正を試みた $f(x)$ は，絶対値の概念を一般化したもので，ふつう**ノルム** (norm) という.

複素数 z の絶対値を $f(z)$ で表わすと

A_0　$f(x) \geqq 0$

A_1　$f(x) = 0 \iff x = 0$

A_2'　λ が実数のとき

$$f(\lambda x) = |\lambda| f(x)$$

A_3　$f(x + y) \leqq f(x) + f(y)$

ここまでくれば，賢明なる読者は，ベクトルの大きさを思い出すに違いない. ベクトルの大きさは，上の条件を完全にみたすのである.

ベクトル **x** の大きさを $f(x)$ で表わしてみよ. ベクトル空間を V とすると，f は V から $\mathbf{R}_0$ への写像であるから

$$f : \mathrm{V} \longrightarrow \mathbf{R}_0$$

と表わされ，この写像は $\mathrm{A}_0, \mathrm{A}_1, \mathrm{A}_2{}', \mathrm{A}_3$ をみたす．

すなわち

$\mathrm{A}_0 \quad f(\boldsymbol{x}) \geqq 0$

$\mathrm{A}_1 \quad f(\boldsymbol{x}) = 0 \iff \boldsymbol{x} = 0$

$\mathrm{A}_2{}' \quad \lambda$ が実数のとき

$$f(\lambda \boldsymbol{x}) = |\lambda| f(\boldsymbol{x})$$

$\mathrm{A}_3 \quad f(\boldsymbol{x} + \boldsymbol{y}) \leqq f(\boldsymbol{x}) + f(\boldsymbol{y})$

▓ ウルトラ絶対値 ▓

さらに，話を発展させ，整数や有理数に新しい絶対値を導入することを考えてみたい．そのとき，ヒントになるのが例題1である．

話を簡単にするため，はじめは，整数の集合

$$\mathrm{A} = \{0, 1, 2, \cdots, 8, 9\}$$

について試みる．

Aの任意の元 x は

$$x = 2^m a \qquad (m = 0, 1, 2, \cdots)$$
$$\underset{\text{2と互に素}}{\uparrow}$$

の形にかきかえることができる．このとき，x に対して $\dfrac{1}{2^m}$ を対応させる写像 f を考えてみよう．

$$f(x) = \frac{1}{2^m}$$

ただし $x = 0$ のときは，x に対応する値がないから，特に

$$f(0) = 0$$

と定める．

このようにすると，**A** から **R**₀ への写像 f が定まる．

$$f : A \longrightarrow \mathbf{R}_0$$

この写像で，値域 $f(\mathrm{A})$ を実際に求めてみる．

$$1 = 2^0 \cdot 1, \quad 2 = 2^1 \cdot 1, \quad 3 = 2^0 \cdot 3, \quad 4 = 2^2 \cdot 3,$$
$$5 = 2^0 \cdot 5, \quad 6 = 2^1 \cdot 3, \quad 7 = 2^0 \cdot 7, \quad 8 = 2^3 \cdot 1,$$
$$9 = 2^0 \cdot 9$$

したがって，

$$f(0) = 0, \quad f(1) = 1, \quad f(2) = \frac{1}{2}, \quad f(3) = 1,$$

$$f(4) = \frac{1}{4}, \quad f(5) = 1, \quad f(6) = \frac{1}{2}, \quad f(7) = 1,$$

$$f(8) = \frac{1}{8}, \quad f(9) = 1$$

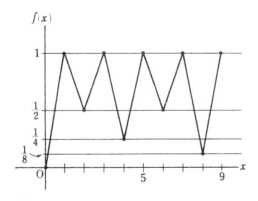

不思議な変化をする写像ができた．

この奇妙な写像 f は，絶対値の性質 $\mathrm{A}_0 \sim \mathrm{A}_3$ をみたすだろうか． 順に当ってみよう．

A_0, A_1 が成り立つことは， $f(0)$ および $f(x)\,(x \neq 0)$ の定義から自明に近い．

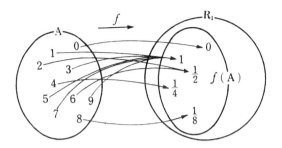

　A₂　これが成り立つことは，例題 2 の 具体例 5 に似た考えで確められる.

　$x \neq 0$ のとき

$$f(x) = \frac{1}{2^m}, \quad f(y) = \frac{1}{2^n}$$

とおくと, $x = 2^m a, y = 2^n b$ $(a, b$ は 2 と互に素) であるから

$$xy = 2^{m+n} ab$$

ab も 2 と互に素であるから

$$f(xy) = \frac{1}{2^{m+n}} = \frac{1}{2^m} \cdot \frac{1}{2^n} = f(x) f(y)$$

　A₃　前に試みたと同様である.

$$x + y = 2^m a + 2^n b$$

これを $2^k c$ の形にかえたとき

$$2^k \geq \min\{2^m, 2^n\}$$

であったから

$$\frac{1}{2^k} \leq \max\left\{\frac{1}{2^m}, \frac{1}{2^n}\right\}$$

したがって

$$f(x+y) \leqq \max\{f(x), f(y)\}$$

A₃とはちがった式が導かれた。これを A₃′ で表わしておく。

$f(x)$ のみたす条件をまとめておく。

A₀ $f(x) \geqq 0$

A₁ $f(x) = 0 \iff x = 0$

A₂ $f(xy) = f(x)f(y)$

A₃′ $f(x+y) \leqq \max\{f(x), f(y)\}$

A₃′ は A₃ と異なるが，

$$\max\{f(x), f(y)\} \leqq f(x) + f(y)$$

であるから，A₃′ が成り立てば，A₃ は当然成り立つ。すなわち

$$A_3' \Rightarrow A_3$$

したがって，上の4条件をみたす $f(x)$ も絶対値に含まれる。つまり，この $f(x)$ は，一般の絶対値よりはきつい条件をみたす絶対値である。

この絶対値には，正式の呼び方があるが，ここでは読者対象を考慮し，**ウルトラ絶対値**と呼んでおこう。

　　　　　　　　×　　　　　　　　×

すでにあきらかにしたように，A₂ から

$$f(-x) = f(x)$$

が導かれる。

また，A₃′ の等号の成立については

$f(x) \neq f(y) \Rightarrow f(x+y) = \max\{f(x), f(y)\}$ がいえる。ただし，この逆は成り立たないことに注意されたい。

この絶対値はウルトラ C だ.

▓ 距離の概念 ▓

　数や空間における絶対値（ノルム）の重要な役割は，　距離の導入である.

　実数には絶対値があったから，2つの点 x, y について，距離 $|x-y|$ を定めることができた.

　点 x，点 y では，　いまの高校流に反するというなら，　数直線上で，x, y を座標にもつ点を P, Q として，2点 P, Q の距離は $|x-y|$ であるといってもよい.

$$\overline{\mathrm{PQ}} = |x - y| \qquad\qquad ①$$

　複素数にも絶対値があったから，ガウス平面上の2点 P(x)，Q(y) に対して ① と同じ距離が考えられた.

　ベクトルには大きさ（ノルム）があったから，　位置ベクトルを考える

と， 2点 P($\boldsymbol{x}$), Q($\boldsymbol{y}$) に対して， 距離

$$\overline{\mathrm{PQ}}=|\boldsymbol{x}-\boldsymbol{y}|$$

が考えられた．

　これらの距離は， すべて2点 x, y に対応して定まる非負の実数で
あるから， 数学では， ふつう $d(x, y)$ で表わします．

　以上の距離が, 次の4条件をみたすことは, 絶対値(ノルム)の性質に
よって, たやすく確められる．

　　　一般の距離の条件

D_0　$d(x, y) \geqq 0$

D_1　$d(x, y) = 0 \Longleftrightarrow x = y$

D_2　$d(x, y) = d(y, x)$

D_3　$d(x, z) \leqq d(x, y) + d(y, z)$

　D_3 は**三角不等式**と呼ばれ， 古くから有名である．

　絶対値では $|-x| = |x|$ であったから

$$d(x, y) = |x-y| = |-(y-x)| = |y-x| = d(y, x)$$

となって D_2 が成り立つ．

　また， A_3 を用いると

$$d(x, z) = |x-z| = |(x-y)+(y-z)| \leqq |x-y| + |y-z|$$
$$\leqq d(x, y) + d(y, z)$$

となって， D_3 も導かれる．

×　　　　　　　　　　×

　ふつうの絶対値によって距離を定義したことを, そのまたウルトラ
絶対値にあてはめると, どんな距離がえられるだろうか．

ウルトラ絶対値 f を用いて，2点 x, y の距離を

$$d(x, y) = f(x-y)$$

によって定義したとしよう．

D_0, D_1, D_2 がそのまま成り立つことは簡単にたしかめられる．問題になるのは D_3 である．

A_3 によると

$$f(x-z) = f((x-y)+(y-z))$$
$$\leq \max\{f(x-y), f(y-z)\}$$

であったから，これを距離の記号で表わすと，

$D_3{}'$ $d(x, z) \leq \max\{d(x, y), d(y, z)\}$

この $D_3{}'$ が成り立てば，D_3 は必ず成り立つから，$d(x, y)$ も距離の仲間であることに変りはない．

この距離を**ウルトラ距離**という．

   ウルトラ距離の条件

D_0 $d(x, y) \geqq 0$

D_1 $d(x, y) = 0 \iff x = y$

D_2 $d(x, y) = d(y, x)$

$D_3{}'$ $d(x, z) \leq \max\{d(x, y), d(y, z)\}$

抽象論ではピンとこないであろう．具体例によって実感的に把握することにしよう．

前にあげた集合

$$A = \{0, 1, 2, \cdots, 9\}$$

を例にとる．

Aの任意の元 x を

$$x = 2^m a \quad (a \text{ は 2 と互に素})$$

とかきかえたとき，x の絶対値 $f(x)$ を $\dfrac{1}{2^m}$ と定め，とくに $f(0) = 0$
と定めることも前と同じとする．

すべての元の絶対値を表にまとめてみる．

x	0	1	2	3	4	5	6	7	8	9
$f(x)$	0	1	$\dfrac{1}{2}$	1	$\dfrac{1}{4}$	1	$\dfrac{1}{2}$	1	$\dfrac{1}{8}$	1

これをもとにして2点の距離を定める．数を点というのは変んな気
がするかもしれないが，点は座標で表わされたことを思えば，奇異で
はないはず．

すなわち，集合Aを空間と呼び，Aの元，$0, 1, 2, \cdots, 9$ を点と呼ぶこ
とに慣ればよいのである．

たとえば，3点 $2, 3, 4$ でみると，

2点 $2, 3$ の距離は

$$d(2, 3) = f(2-3) = f(-1) = f(1) = 1$$

2点 $3, 4$ の距離は

$$d(3, 4) = f(3-4) = f(-1) = f(1) = 1$$

2点 $2, 4$ の距離は

$$d(2, 4) = f(2-4) = f(-2) = f(2) = \frac{1}{2}$$

このようにして，すべての2点間の距離を求めると，次の表が得ら
れる．

ただし，距離では $d(x, y) = d(y, x)$ だから表の一部を省略した．

この距離は，われわれが日常用いるユークリッド空間の距離とは異
なるから，ユークリッド空間の図によって実感的に表現することがで
きない．

	0	1	2	3	4	5	6	7	8	9
0	0	1	$\frac{1}{2}$	1	$\frac{1}{4}$	1	$\frac{1}{2}$	1	$\frac{1}{8}$	1
1		0	1	$\frac{1}{2}$	1	$\frac{1}{4}$	1	$\frac{1}{2}$	1	$\frac{1}{8}$
2			0	1	$\frac{1}{2}$	1	$\frac{1}{4}$	1	$\frac{1}{2}$	1
3				0	1	$\frac{1}{2}$	1	$\frac{1}{4}$	1	$\frac{1}{2}$
4					0	1	$\frac{1}{2}$	1	$\frac{1}{4}$	1
5						0	1	$\frac{1}{2}$	1	$\frac{1}{4}$
6							0	1	$\frac{1}{2}$	1
7								0	1	$\frac{1}{2}$
8									0	1
9										0

たとえば4点0, 1, 2, 3で四角形を作ってみると、4つの辺にあたるところは1で、対角線にあたるところは $\frac{1}{2}$ になる. これでは、平面上にまともな図がかけない. 3次元空間内ならばねじれ4角形を用いると切り抜けられる. しかし、点の数が多くなると、このような切り抜け策も行き詰る.

距離 $d(x, y)$ は、2点 x, y 間を自動車で行くときのスピードと考え、

距離の概念が変わった.

そのスピードは道幅に比例すると仮定すれば, この距離は道幅によっ
て図解される.

たとえば5点 0, 1, 2, 3, 4 のときは, 距離は $0, 1, \frac{1}{2}, \frac{1}{4}$ であるから, 0
は省略すると $1, \frac{1}{2}, \frac{1}{4}$ の3種になる. そこで, それぞれ4車線, 2車
線, 1車線の道路で表わすことにすればよい.

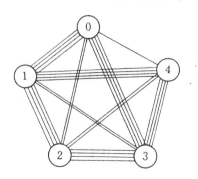

ウルトラ距離の最も簡単な例は, 異なる2点間の距離がすべて1に

なるものである．すなわち

$$d(x, y) = \begin{cases} 1 & (x \neq y) \\ 0 & (x = y) \end{cases}$$

　この距離は，2点ならば線分で，3点ならば正三角形で，4点なら
ば正四面体で図解でできるが，5点以上では行き詰る．

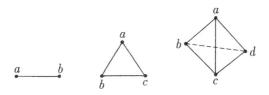

◉ 練 習 問 題 (15) ◉

89. 関数 $f(x)$ が，3つの条件

(a)　$x \neq 0$ ならば $f(x) > 0$, $f(0) = 0$

(b)　$f(x+y) \leq f(x) + f(y)$

(c)　$f(xy) = f(x)f(y)$

を満たすとき，次の各命題を証明せよ．

(1)　$f(1) = 1$

(2)　$f(-1) = 1$

(3)　$x \neq 0$ のとき $f\left(\dfrac{1}{x}\right) = \dfrac{1}{f(x)}$

(4)　$x \neq 0$ のとき $f\left(\dfrac{y}{x}\right) = \dfrac{f(y)}{f(x)}$

(5)　自然数 n に対して $f(n) \leq n$

（京都府大）

90. $A = \{1, 2, \cdots, n\}$ に属する任意の相異なる数 i, j について，正の
数 $v(i, j)$ が定義されていて，つぎの性質をみたしている．

［性質1］　i, j, k が相異なるとき,

$$v(i, j) \leqq \max \{v(i, k), v(k, j)\}$$

［性質2］　i, j が相異なるとき

$$v(i, j) = v(j, i)$$

　このとき, つぎの命題のうちで, 必ず成り立つものにはその理由を述べ, 必ずしも成り立たないものについては反例をあげよ.

(1)　A に属する任意の相異なる i, j, k について

$$v(i, j) \leqq v(i, k) + v(k, j)$$

(2)　A に属する任意の相異なる i, j, k について

$$v(i, j) \geqq v(i, k) + v(k, j)$$

(3)　$v(i, j), v(j, k), v(k, i)$ のうち少くとも2個は相等しい.

91. x は複素数で, $f(x) = \sqrt{x\bar{x}}$ であるとき, この関数は, 次の条件をみたすことをあきらかにせよ. ただし $\bar{x}$ は x の共役複素数を表わすものとする.

A$_0$　$f(x) \geqq 0$

A$_1$　$f(x) = 0 \Longleftrightarrow x = 0$

A$_2$　$f(xy) = f(x)f(y)$

A$_3$　$f(x+y) \leqq f(x) + f(y)$

92. a, b, c, d が実数のとき, 次の2式の大小をくらべよ.

$$P = (|a| + |b|)(|c| + |d|)$$

$$Q = |ac - bd| + |ad + bc|$$

93. $x = a + bi$ (a, b は実数) のとき

$$f(x) = \max \{|a|, |b|\}$$

とおく．この関数は問題3の4条件 $A_0 \sim A_3$ を満たすか．

94. $A = \{0, 1, 2, \cdots, 9\}$ の任意の元を x とするとき，関数 $f(x)$ を

$x = 0$ ならば $f(x) = 0$

$x \neq 0$ ならば，x を

$\quad x = 3^n a$ （a は3と互いに素なる自然数）

とかきかえたとき

$$f(x) = \frac{1}{3^n}$$

と定義する．

A のすべての元について，$f(x)$ の値を求めよ．

95. 集合Aの任意の2元 x, y の距離を

$$d(x, y) = \begin{cases} 0 & (x = y) \\ 1 & (x \neq y) \end{cases}$$

と定める．この距離はウルトラ距離であることをあきらかにせよ．

練 習 問 題 略 解

1.(1) $n^2 \equiv n$ から $n^4 \equiv n^2 \equiv n \pmod 2$. N の中の n^4 を n で置きかえる.

$N \equiv 15n^4 - n \equiv 14n \equiv 0 \pmod 2$.

(2) $n^3 \equiv n$ だから $n^5 \equiv n^3 \equiv n$, $n^4 \equiv n^2 \pmod 3$.

$N \equiv 10n^3 - n = 9n \equiv 0 \pmod 3$.

(3) $N \equiv 6n^5 - n \pmod 5$.   たとえば $n \equiv -2$ のとき

$N \equiv 6 \times (-2)^5 + 2 \equiv 1 \times (-2) + 2 \equiv 0 \pmod 5$.

2. $N = n^{m+4} - n^m = n^m(n^4 - 1)$ が 10 の倍数であることを示せばよい. 2 の倍数
であることと, 5 の倍数であることを示す.

2 の倍数であることの証明 $n \equiv 0$ と $n \equiv 1 \pmod 2$ の 2 つに分ける.

5 の倍数であることの証明   前問の(3)にならう.

3. $30 = 2 \times 3 \times 5$, $2, 3, 5$ でそれぞれわりきれることを示せ.

2 の倍数であることの証明 $5 \equiv 3 \equiv 1$, $2 \equiv 0 \pmod 2$

$\therefore \quad N \equiv 1^n - 1^n - 0^n \equiv 0 \pmod 2$

3 の倍数であることの証明 $5 \equiv 2$, $3 \equiv 0 \pmod 3$

$N \equiv 2^n - 0^n - 2^n \equiv 0 \pmod 3$

5 の倍数であることの証明 $N \equiv 5^{2m+1} - 3^{2m+1} - 2^{2m+1} \equiv -9^m \times 3 - 4^m \times 2$

$9 \equiv 4 \equiv -1 \pmod 5$

$\therefore \quad N \equiv -(-1)^m \times 3 - (-1)^m \times 2 \equiv -5(-1)^m \equiv 0 \pmod 5$

4.(1) $f(n+1) - f(n) = 7(8^n - 1)$, $N = 8^n - 1$ が 7 でわりきれることを示せば
よい. $N = 8^n - 1 \equiv 1^n - 1 \equiv 0 \pmod 7$

(2) $f(1) = 8 - 7 + 48 = 49$, $f(n) \equiv f(n+1) \pmod {49}$

$\therefore \quad f(1) \equiv f(2) \equiv f(3) \equiv \cdots \equiv f(n) \pmod {49}$

5.(1) $x \geqq 0$ のときと $x < 0$ のときに分けて考える.

(2) $|x_1 - x_2| \equiv x_1 - x_2$, $|x_2 - x_3| \equiv x_2 - x_3 \pmod 2$ などを用いると, 与式 $\equiv 0$
$\pmod 2$ となる.

6.(1) 21   (2) 8 第 1 数と第 2 数の G.C.M. を求め, それと第 3 数との
G.C.M. を求める.

7..(1) x^2-x+1 (2) $2x+1$ 2式の G.C.M. を求め，それと残りの式との G.C.M. を求める.

8. (1) $f(x)=\dfrac{x}{8}-\dfrac{1}{4}$, $g(x)=-\dfrac{1}{8}$

　(2) $f(x)=x+4$, $g(x)=-x-3$ ユークリッド互除法による.

　　$P=x^2-2x+3$, $Q=x^2-x-2$ とおく.

　　P を Q でわって $P=Q\cdot1+(-x+5)=Q-(x-5)$

　　Q を $x-5$ でわって $Q=(x-5)(x+4)+18$

　　2式から $x-5$ を消去すると $Q=(Q-P)(x+4)+18$

　　　　$(x+4)P+(-x-3)Q=18$

9. $N=14m+10n=2(7m+5n)$ よって N は2の倍数に属する. 逆に任意の2の倍数 $2k$ は N に属することを示そう. 7と5は互いに素であるから $7x+5y=1$ をみたす整数 x, y がある. 両辺を k 倍して $7\cdot kx+5\cdot ky=k$, よって $7m+5n=k$ をみたす m, n があるから, $2k$ は N に属する. よって, N は任意の2の倍数を表わす.

10.   3と5は互いに素であるから $3x+5y=1$ をみたす整数 x, y がある. その一例は $x=-3$, $y=2$ よって $5\times2-3\times3=1$, $5l$ ますで2回はかり, その水から $3l$ ますで3回くみ出せば, 残りは $1l$ である.

　　$4l$ と $6l$ のますでは, 4と6は互いに素でないから $4x+6y=1$ をみたす整数 x, y がない. したがって $1l$ をはかることはできない.

11.(1) 必ずある. a は整数で, しかも, a は5でわりきれないから, a と5は互いに素である. したがって $ax+5y=1$ をみたす整数 x, y がある. ゆえに $ax\equiv1\ (\mathrm{mod}\ 5)$ をみたす x が必ずある. $\therefore a\cdot bx\equiv b$

　(2) a は4の倍数でなくとも, a と4は2を公約数にもつことはある. そのときに $ax\equiv1\,(\mathrm{mod}\ 4)$ が成り立ったとすると矛盾する. たとえば $a=2$ にしてみよ. $2x\equiv1\ (\mathrm{mod}\ 4)$ は, x に $1, 2, 3$ のどれを与えても成り立たない.

12. $P(x)=A(x)+\dfrac{B(x)}{C(x)}$ とおき, $f(x)=0$ の根を α とする.

　　$A(x)\equiv-9x+13$, $B(x)\equiv9$, $C(x)\equiv x-2$ $(\mathrm{mod}\ f(x))$

　　$\therefore A(\alpha)=-9\alpha+13$, $B(\alpha)=9$, $C(\alpha)=\alpha-2$

　　$\therefore P(\alpha)=A(\alpha)+\dfrac{B(\alpha)}{C(\alpha)}=-9\alpha+13+\dfrac{9}{\alpha-2}$

　$(x-2)(px+q)\equiv9=(\mathrm{mod}\ f(x))$ をみたす $px+q$ を求めると $-x-5$ となるから $(\alpha-2)(-\alpha-5)=9$ $\therefore P(\alpha)=-9\alpha+13-\alpha-5=-10\alpha+8$

$$\alpha = \frac{-3 \pm \sqrt{13}}{2} \text{ を代入して } P(\alpha) = -10\alpha + 8 = 23 \mp 5\sqrt{13}$$

13. $100 = 2^2 \cdot 5^2$　2 の倍数は50個, 5 の倍数は20個, 10の倍数は10個

$$\varphi(100) = 100 - (50 + 20 - 10) = 40$$

14. $30 = 2 \cdot 3 \cdot 5$　2, 3, 5, 2×3, 2×5, 3×5, $2 \times 3 \times 5$ の倍数の個数はそれぞ

れ50, 33, 20, 16, 10, 6, 3 であるから, 100 と互いに素でない数の個数は

$$50 + 33 + 20 - 16 - 10 - 6 + 3 = 74$$

よって, 求める数は $100 - 74 = 26$

15. $9800 = 2^3 \times 5^2 \times 7^2$, $(3+1)(2+1)(2+1) = 36$

16. $360 = 2^3 \times 3^2 \times 5$, $\dfrac{2^4 - 1}{2 - 1} \times \dfrac{3^3 - 1}{3 - 1} \times \dfrac{5^2 - 1}{5 - 1} = 1170$

17. 4 通り

18.(1)　$(p+1)(q+1) = 2pq$　変形して $(p-1)(q-1) = 2$

$p > q$ とすると $p - 1 = 2$, $q - 1 = 1$ より $p = 3$, $q = 2$　$\therefore pq = 6$

(2)　$(1 + r + r^2)(1 + s) = 2r^2 s$, 右辺は偶数 $1 + r + r^2 = 1 + r(r+1)$ は奇数だか

ら $1 + s$ は偶数, よって $1 + s = 2n$ とおくと

$$(1 + r + r^2)n = r^2(2n - 1) \quad \therefore n = 1 + \frac{r+1}{r^2 - r - 1}$$

$r + 1$, $r^2 - r - 1$ は正だから, $r + 1$ が $r^2 - r - 1$ でわりきれるためには $r +$

$1 \geqq r^2 - r - 1$ となることが必要. この式から $(r-1)^2 \leqq 3$

$$\therefore r = 2, \ n = 4, \ s = 7 \quad r^2 s = 28$$

(3)　$(1 + t + t^2)(1 + u + u^2) = 2t^2 u^2$　右辺は偶数, 左辺の 2 式は $1 + t(1 + t)$,

$1 + u(1 + u)$ 奇数だから左辺は奇数. これは矛盾. この形の完全数はない.

19.　$N = p^\alpha q^\beta r^\gamma \cdots$ とすると, 約数の個数は $(\alpha + 1)(\beta + 1)(\gamma + 1) \cdots$ これが $8 = 2^3$

に等しい.

素因数が 1 つのとき　$\alpha + 1 = 8$ から $\alpha = 7$

$N = p^7$, N は最小だから $p = 2$ とおいて $N = 2^7 = 128$

素因数が 2 つのとき　$(\alpha + 1)(\beta + 1) = 8 = 4 \cdot 2$ から $\alpha = 3$, $\beta = 1$

$N = p^3 q$, 最小のものは $N = 2^3 \cdot 3 = 24$

素因数が 3 つのとき　$(\alpha + 1)(\beta + 1)(\gamma + 1) = 2 \cdot 2 \cdot 2$ から $\alpha = \beta = \gamma = 1$

$N = pqr$, 最小のものは $N = 2 \cdot 3 \cdot 5 = 30$　答 24

20.(1)　$1 \times p^\alpha$, $p \times p^{\alpha - 1}$, $\cdots$, $p^{\alpha - 1} \times p$, $p^\alpha \times 1$　この中には等しいものがある. α

が奇数のときは, 2 つずつ等しいから, $f(N) = \dfrac{1}{2}(\alpha + 1)$, α が偶数のとき

は，中央の１つは等しい相手がないから，$f(N)=\dfrac{1}{2}(\alpha+2)$

(2) 　$N=p^\alpha q^\beta$ の約数の個数は $(\alpha+1)(\beta+1)$ である．因数 $p^u q^v$ が相手の因数 $p^{\alpha-u}q^{\beta-v}$ と等しくなるのは $\alpha-u=u,\ \beta-v=v$ のとき，すなわち $\alpha=2u,\ \beta=2v$ のときである．

$\alpha,\ \beta$ の少なくとも一方が奇数のとき　$f(N)=\dfrac{1}{2}(\alpha+1)(\beta+1)$

$\alpha,\ \beta$ がともに偶数のときは　$f(N)=\dfrac{1}{2}\{(\alpha+1)(\beta+1)+1\}$

21. すべての場合を確かめればよい．しかし $a=1$ または $b=1$ のときはやさしい．たとえば $a=1$ とすると $ab=b$ であるから $\mu(ab)=\mu(b)=1\times\mu(b)=\mu(a)\mu(b)$，次に a または b の少なくとも一方に素数のべきの因数があるときは $\mu(a)\mu(b)=\mu(ab)=0$

最後に，a, b に素数のべきの因数のないときは

$$a=p_1 p_2\cdots p_i,\quad b=q_1 q_2\cdots q_j$$

とおくと $\mu(a)=(-1)^i,\ \mu(b)=(-1)^j$

a, b は互いに素であるから

$$ab=p_1 p_2\cdots p_i q_1 q_2\cdots q_j$$

の素因数はすべて異なる．したがって

$$\mu(ab)=(-1)^{i+j}=(-1)^i(-1)^j=\mu(a)\mu(b)$$

22. n の素因数を $p_1, p_2, \cdots, p_k$ とすると，n の約数のうち素数の２乗以上を含まないものは

1	1 個
素因数１個のものは	$_k\mathrm{C}_1$ 個
素因数２個のものは	$_k\mathrm{C}_2$ 個
………………	
素因数 k 個のものは	$_k\mathrm{C}_k$ 個

$$\therefore\ \sum\mu(d)=1-{}_k\mathrm{C}_1+{}_k\mathrm{C}_2-\cdots+(-1)^k {}_k\mathrm{C}_k=(1-1)^k=0$$

23. (1) 　$fg(x)=f(g(x))=2-(3-x)=-1+x$

(2) 　$gf(x)=g(f(x))=3-(2-x)=1+x$

(3) 　$y=2-x$ から $x=2-y$　$\therefore f^{-1}(x)=2-x$

(4) 　$fgf(x)=f(gf(x))=2-gf(x)=2-(1+x)=1-x$

24. $y=\dfrac{1}{2}\left(x-\dfrac{1}{x}\right)$ から $x^2-2yx-1=0$, $x=y\pm\sqrt{y^2+1}$ 仮定によって $x>0$ だ

から $x=y+\sqrt{y^2+1}$, よって任意の実数 y に対して, x の実数値が1つ定ま

るから, 逆関数が存在する. $f^{-1}(x)=x+\sqrt{x^2+1}$

グラフを参考にして考えれば, 一層よく理解されよう.

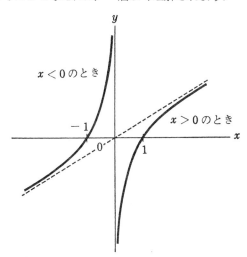

25. (1) $y=\dfrac{2^x-2^{-x}}{2}$ とおくと

$$2y=2^x-\dfrac{1}{2^x}\quad (2^x)^2-2y(2^x)-1=0$$

$2^x>0$ だから $2^x=y+\sqrt{y^2+1}$

任意の y に対して, $y+\sqrt{y^2+1}>0$ だから, y に対応して x が1つずつ定

まり, 逆関数が存在する.

$x=\log_2(y+\sqrt{y^2+1})\qquad f^{-1}(x)=\log_2(x+\sqrt{x^2+1})$

(2) $y=g(x)$ とおくと $y\left(2^x+\dfrac{1}{2^x}\right)=2^x-\dfrac{1}{2^x}\quad 2^{2x}(1-y)=1+y$

$y=1$ とすると成り立たないから $y\neq1\quad\therefore 2^{2x}=\dfrac{1+y}{1-y}\quad 2^x=\sqrt{\dfrac{1+y}{1-y}}$

y を任意とすると, 根号の中は負になることがあるから, x は求められな

い. したがって逆関数は存在しない. y を $-1<y<1$ に制限すれば, この

区間の y に対して x は1つずつ定まり, 逆関数が作られる. すなわち

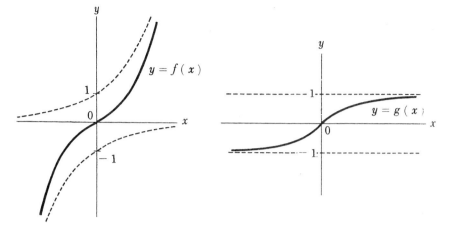

$$g^{-1}(x)=\frac{1}{2}\log_2\frac{1+x}{1-x} \qquad (-1<x<1)$$

26. (1) $ff=e$ は $f=f^{-1}$ と同値.

$$\frac{ax+b}{cx+d}=\frac{-dx+b}{cx-a}$$

分母を払って，両辺の係数を等しいとおいて

$$c(a+d)=0 \qquad (a-d)(a+d)=0 \qquad b(a+d)=0$$

もし，$a+d\neq0$ とすると $b=c=0$, $a=d$, このとき $f(x)=x$ となって $f\neq e$ に反する. したがって $a+d=0$ で，このとき上の 3 式は成り立つ. $d=-a$ を $ad-bc\neq0$ に代入して $a^2+bc\neq0$

答. $a+d=0$, $a^2+bc\neq0$

(2) $fff=e$ は $ff=f^{-1}$ と同値，この式から

$$\frac{(a^2+bc)x+b(a+d)}{c(a+d)x+(d^2+bc)}=\frac{-dx+b}{cx-a}$$

分母を払って，両辺の係数を等しいとおくと

$$c(a^2+d^2+ad+bc)=0$$
$$(a-d)(a^2+d^2+ad+bc)=0$$
$$b(a^2+d^2+ad+bc)=0$$

もし，$a^2+d^2+ad+bc\neq0$ とすると $b=c=0$, $a=d\neq0$ となる. このとき $f=e$ だから $ff=ee=e$ となって $ff\neq e$ に反する.

よって $a^2+d^2+ad+bc=0$, これに $ff \neq e$ の条件 $a+d \neq 0$, および $ad-bc \neq 0$ を追加する. しかし, はじめの2条件があれば $ad-bc=(a+d)^2 \neq 0$ となって, 第3の条件はみたされる.

答. $a^2+d^2+ad+bc=0$, $a+d \neq 0$

27. (1) $f(x) = a\left(x+\dfrac{b}{2a}\right)^2 + \dfrac{4ac-b^2}{4a}$

$A(x) = x + \dfrac{b}{2a}$, $B(x) = x^2$, $C(x) = ax$, $D(x) = x + \dfrac{4ac-b^2}{4a}$ とおくと

$f = DCBA$

(2) 分子を分母でわる. $g(x) = \dfrac{a}{c} + \dfrac{bc-ad}{c^2\left(x+\dfrac{d}{c}\right)}$

$P(x) = x + \dfrac{d}{c}$, $Q(x) = \dfrac{1}{x}$, $R(x) = \dfrac{bc-ad}{c^2}x$, $S(x) = \dfrac{a}{c} + x$ とおくと

$g = SRQP$

28. (1) 直線 AB 上の任意の点を P とすると $\overrightarrow{AP} = b\overrightarrow{AB}$ (a は実数) と表わされるから $\overrightarrow{OP} = \overrightarrow{OA} + \overrightarrow{AP} = \overrightarrow{OA} + a \cdot \overrightarrow{AB} = \overrightarrow{OA} + b(\overrightarrow{OB} - \overrightarrow{OA}) = (1-b)\overrightarrow{OA} + b\overrightarrow{OB}$, $1-b=a$ とおくと $\overrightarrow{OP} = a\overrightarrow{OA} + b\overrightarrow{OB}$. ここで a, b は実数で $a+b=1$ 逆に, このように表わされる点Pがあったとすると, 上の計算を逆にたどることによって $\overrightarrow{AP} = b\overrightarrow{AB}$ に達するから, Pは直線 AB 上にある.

(2) r を消去すると $p(\overrightarrow{OA} - \overrightarrow{OC}) + q(\overrightarrow{OB} - \overrightarrow{OC}) = 0$

$p\overrightarrow{CA} + q\overrightarrow{CB} = 0$, p, q に0でないものがあったとしよう. たとえば $p \neq 0$

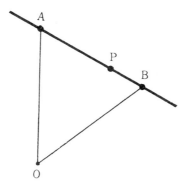

とすると $\overrightarrow{CA}=\left(-\dfrac{q}{p}\right)\overrightarrow{CB}$ となるから, $\overrightarrow{CA}$ と $\overrightarrow{CB}$ は平行, したがって A, B, C は1直線上にあることになって仮定に反する. よって p, q はともに0である. このとき $r=0$ となる.

(3) $\quad\overrightarrow{OQ}=\overrightarrow{OA}+\overrightarrow{AQ}$

$\qquad\qquad =\overrightarrow{OA}+x\,\overrightarrow{AB}+y\,\overrightarrow{AC}$

$\qquad\qquad =\overrightarrow{OA}+x(\overrightarrow{OB}-\overrightarrow{OA})+y(\overrightarrow{OC}-\overrightarrow{OA})$

$\qquad\qquad =(1-x-y)\overrightarrow{OA}+x\,\overrightarrow{OB}+y\,\overrightarrow{OC}$

ここで $1-x-y=l,\ x=m,\ y=n$ とおくと $l+m+n=1$

1点Qに対し2通りの表わし方があったとし

$\qquad\overrightarrow{OQ}=l\,\overrightarrow{OA}+m\,\overrightarrow{OB}+n\,\overrightarrow{OC}=l'\,\overrightarrow{OA}+m'\,\overrightarrow{OB}+n'\,\overrightarrow{OC}$

とおくと $\quad(l-l')\overrightarrow{OA}+(m-m')\overrightarrow{OB}+(n-n')\overrightarrow{OC}=0$

$(l-l')+(m-m')+(n-n')=0$ だから, (2)によって

$\qquad l-l'=0,\ m-m'=0,\ n-n'=0 \quad\therefore\ l=l',\ m=m',\ n=n'$

となって矛盾する. したがって, l, m, n の値は1つ定まる.

29. (1) $\quad\alpha=\beta=\gamma=\dfrac{1}{3}$

(2) Pが内心ならば, APの延長がBCと交わる点をDとすると

$\qquad BD:DC=AB:AC=c:b$

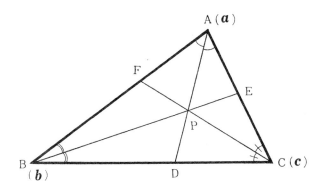

同様にして

$$CE:EA=a:c, \quad AF:FB=b:a$$

これらを利用すればよい.

$\overrightarrow{OP}=\alpha a+\beta b+\gamma c$ と表わされたとしよう. かきかえて

$\overrightarrow{OP}=\alpha a+(\beta+\gamma)\dfrac{\beta b+\gamma c}{\beta+\gamma}$. ここで $\dfrac{\beta b+\gamma c}{\beta+\gamma}=d$ とおくと, 点 $D'(d)$

は BC 上の点で, $\overrightarrow{OP}=\alpha a+(\beta+\gamma)d$ から, P は AD′ 上の点である. し

たがって D′ は AP と BC の交点Dと一致する. D は BC を $\gamma:\beta$ に分け

る. したがって $\gamma:\beta=c:b$, 同様にしてEから $\alpha:\gamma=a:c$

∴ $\alpha:\beta:\gamma=a:b:c$, これと $\alpha+\beta+\gamma=1$ とから

$$\alpha=\frac{a}{a+b+c}, \quad \beta=\frac{b}{a+b+c}, \quad \gamma=\frac{c}{a+b+c}$$

30. 重心Gは, 外心Oと垂心Pを結ぶ線分を $1:2$ に分ける点であることを用い

る.

$$\overrightarrow{OG}=\frac{1}{3}(a+b+c)$$

であるから

$$\overrightarrow{OP}=3\overrightarrow{OG}=a+b+c$$

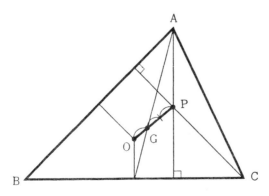

31. A(a), B(b), C(c) とおく.

(1) AD, BE, CF が1点Pで交わったとする. P(x) とおくと

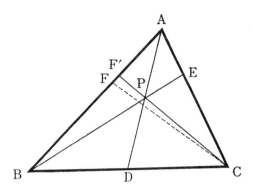

$$\boldsymbol{x}=\alpha\boldsymbol{a}+\beta\boldsymbol{b}+\gamma\boldsymbol{c} \quad (\alpha+\beta+\gamma=1) \tag{①}$$

と表わすことができる. 問題29の(2)と同様にして

$$\dfrac{\mathrm{BD}}{\mathrm{DC}}=\dfrac{\gamma}{\beta}, \quad \dfrac{\mathrm{CE}}{\mathrm{EA}}=\dfrac{\alpha}{\gamma}, \quad \dfrac{\mathrm{AF}}{\mathrm{FB}}=\dfrac{\beta}{\alpha} \quad \text{だから, これらの積は1に等しい.}$$

(2) 逆に, 3点 D, E, F に(1)の関係があったとしよう. AD, BE の交点をPとし, CP が AB と交わる点を F′ とする.

Pの座標を $\boldsymbol{x}$ とすると, $\boldsymbol{x}$ は①の形の式で表わされる. そして

$$\dfrac{\mathrm{AF'}}{\mathrm{F'B}}=\dfrac{\beta}{\alpha} \tag{②}$$

また $\dfrac{\mathrm{BD}}{\mathrm{DC}}=\dfrac{\gamma}{\beta}, \dfrac{\mathrm{CE}}{\mathrm{EA}}=\dfrac{\alpha}{\gamma}$ だから, これらを仮定の式に代入することによって

$$\dfrac{\mathrm{AF}}{\mathrm{FB}}=\dfrac{\beta}{\alpha} \tag{③}$$

②と③からFはF′に一致する. したがって AD, BE, CF は1点Pで交わる.

32. Pから AD, DC に平行線をひくと, 辺 AB, BC と交わるから, それらの点を Q, R とすれば

$$\overrightarrow{\mathrm{BP}}=\overrightarrow{\mathrm{BQ}}+\overrightarrow{\mathrm{BR}}=l\overrightarrow{\mathrm{BA}}+n\overrightarrow{\mathrm{BC}}$$

$$\therefore \quad \boldsymbol{x}=\overrightarrow{\mathrm{OB}}+\overrightarrow{\mathrm{BP}}=\boldsymbol{b}+l(\boldsymbol{a}-\boldsymbol{b})+n(\boldsymbol{c}-\boldsymbol{b})$$

$$=l\boldsymbol{a}+(1-l-n)\boldsymbol{b}+n\boldsymbol{c}$$

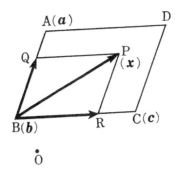

ここで $1-l-n=m$ とおくと $x=la+mb+nc$

ただし $l+m+n=1$, さらに, Q, R は辺 AB, BC 上にあるから $0\leq l,n \leq 1$

答. $x=la+mb+nc$ $(l+m+n=1, 0\leq l,n\leq 1)$

33. (1) 両辺に $x-1$ をかけると $x^{n+1}-1=0$, $x^{n+1}=1$ ∴ $|x|^{n+1}=1$

$|x|>0$ だから $|x|=1$

(2) $f(x)=x^{n+1}-1$ とおくと, $f'(x)=(n+1)x^n\geq 0$ よって $f(x)$ は増加関数である. よって $f(x)=0$ の実根は1だけ. したがって, もとの方程式は実根をもたない.

(3) $f'(x)=(n+1)x^n$ は $x=0$ で, 負から正にかわるから, ここで最小で, 最小値は $f(0)=-1$, よって $f(x)=0$ は1つの正根と1つの負根をもち, 他の根は虚数. 正根は1, 負根は-1である.

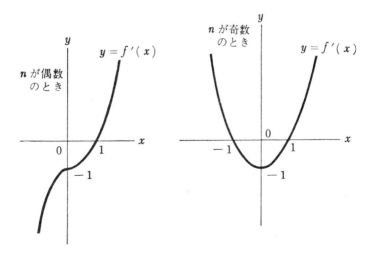

34. $x-1$ を両辺にかけると $nx^n(x-1)=x^n-1$

$$nx^{n+1}-(n+1)x^n+1=0$$

$f(x)=nx^{n+1}-(n+1)x^n+1$ とおくと $f'(x)=n(n+1)x^{n-1}(x-1)$

(1)　n が偶数のとき $f'(x)$ の符号変化から，$x=1$ で最小値 $f(1)=0$，$x=0$ で最大値 $f(0)=1$，したがって，$f(x)=0$ の実根の１つは１で，他の根は負である．$f(x)$ を例題にならって因数分解すると

$$f(x)=(x-1)^2\{nx^{n-1}+(n-1)x^{n-2}+\cdots+2x+1\}$$

{　} の中の式を $g(x)$ とおくと，$g(1)>0$ だから，$x=1$ は２重根であるが，３重根ではない．また，負の根は単根である．よって，与えられた方程式の実根は１（単根）と，負の根（単根）で，残りの $(n-2)$ 個の根は虚数である．

(2)　n が奇数のとき $f'(x)$ の符号変化から，$x=1$ で最小値 $f(1)=0$，$x=0$ では変曲点．したがって $f(x)=0$ の実根は１だけで，(1) と同じ理由で１は２重根．よってもとの方程式の実根は１（単根）で，他の根はすべて虚数である．

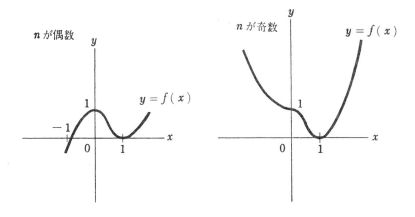

35.　左辺を因数分解すると $(x-1)^2(x^3+2x^2+3x+4)=0$

１根は１，他の根は $x^3+2x^2+3x+4=0$ の根である．係数をみると $0<1<2<3<4$ であるから，掛谷の定理によって，この方程式のすべての根の絶対値は１より大きい．よってもとの方程式の根の絶対値は１以上である．

36.(1)　前問によって明らか．

(2) x に $2z$ を代入して $8z^3+8z+6z+4=0$

$$4z^2+4z+3z+2=0$$

係数をみると $4\geqq4>3>2>0$ だから，掛谷の定理によって，

$$|z|\leqq1 \qquad \therefore\ |2z|\leqq2 \quad |x|\leqq2$$

37. 背理法による．負の根があったとし，それを $-\alpha(\alpha>0)$ とおくと

$$(-\alpha)^3-a(-\alpha)^2+b(-\alpha)-c=0 \qquad \therefore\ \alpha^3+a\alpha^2+b\alpha+c=0$$

左辺は正だから，この等式は成り立たない．

38. (1) $f(x)=2x^3+3x^2+6x+5,\ f(-1)=0$ だから，$x=-1$ は根である．

$$f(x)=(x+1)(2x^2+x+5)=0$$

$$\therefore\ x=-1,\ \frac{-1\pm\sqrt{-39}}{4}$$

(2) $f'(x)=6x^2+6x+6$ $f'(x)=0$ の根は $\omega,\ \omega^2$

(3) 図は略す．

39. (1) $(x^2+x+1)(x^2-x+1)=0$ $x=\omega,\ \omega^2,\ -\omega,\ -\omega^2$

(2) $f'(x)=4x^3+2x$ $f'(x)=0$ の根は $x=0,\ \pm\dfrac{i}{\sqrt{2}}$

(3) 図は略す．

40. 与えられた式の両辺の共役複素数をとると

$$\frac{a}{\overline{z}-\overline{z_1}}+\frac{b}{\overline{z}-\overline{z_2}}+\frac{c}{\overline{z}-\overline{z_3}}=0$$

$$\frac{a(z-z_1)}{|z-z_1|^2}+\frac{b(z-z_2)}{|z-z_2|^2}+\frac{c(z-z_3)}{|z-z_3|^2}=0$$

$\dfrac{a}{|z-z_1|^2}=l,\ \dfrac{b}{|z-z_2|^2}=m,\ \dfrac{c}{|z-z_3|^2}=n$ とおくと

$$l(z-z_1)+m(z-z_2)+n(z-z_3)=0$$

$$\therefore\ z=\frac{lz_1+mz_2+nz_3}{l+m+n} \quad (l,\ m,\ n>0)$$

よって，与えられた方程式の根 z は $z_1,\ z_2,\ z_3$ を頂点とする三角形の内部にある．

41. $z_1+z_2=-\dfrac{2b}{a}$, $z_3+z_4=-\dfrac{2b'}{a'}$, $z_1z_2=\dfrac{c}{a}$, $z_3z_4=\dfrac{c'}{a'}$

これを仮定の式

$$\frac{c}{a}+\frac{c'}{a'}-2\frac{b}{a}\frac{b'}{a'}=0$$

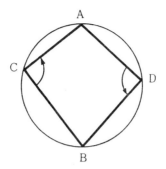

に代入して $2z_1z_2+2z_3z_4-(z_1+z_2)(z_3+z_4)=0$, これをかきかえると

$$\frac{z_1-z_3}{z_2-z_3}:\frac{z_1-z_4}{z_2-z_4}=-1$$

(2)　$\arg\dfrac{z_1-z_3}{z_2-z_3}-\arg\dfrac{z_1-z_4}{z_2-z_4}=\pi$　　$(\bmod 2\pi)$

A(z_1), B(z_2), C(z_3), D(z_4) とみると

$$\angle\mathrm{BCA}-\angle\mathrm{BDA}=\pi$$
$$\angle\mathrm{BCA}+\angle\mathrm{ADB}=\pi$$

よって, 4 点 A, B, C, D は同じ円上にある.

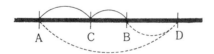

(3)　4 根が実数ならば, 4 点 A, B, C, D は実軸上にあって

$$\frac{\mathrm{CA}}{\mathrm{CB}}:\frac{\mathrm{DA}}{\mathrm{DB}}=-1\quad\therefore\quad\frac{\mathrm{AC}}{\mathrm{CB}}=-\frac{\mathrm{AD}}{\mathrm{DB}}$$

よって, C, D の一方は AB を内分し, 他方は外分し, しかも内分, 外分の比の絶対値は等しい. このとき, C, D は A, B を調和に分けるというのである.

42.　群をなす.

$$ff(x)=f(f(x))=\frac{\dfrac{x-3}{x+1}-3}{\dfrac{x-3}{x+1}+1}=\frac{-x-3}{x-1}\quad\text{から}\quad f^2=g$$

$$fg(x)=f(g(x))=\dfrac{\dfrac{-x-3}{x-1}-3}{\dfrac{-x-3}{x-1}+1}=\dfrac{-4x}{-4}=x \quad から \quad fg=e$$

したがって $f^3=ff^2=fg=e$, $g^2=f^2f^2=f^3f=ef=f$

よってすべての合成は右の表にまとめられ，合成について閉じていることがわかる．

pq の表

$\diagdown q$ p	e	f	g
e	e	f	g
f	f	g	e
g	g	e	f

43.（イ）　$1\times1\equiv1$, $1\times5\equiv5$, $5\times1\equiv5$,

$\qquad 5\times5\equiv25\equiv1 \quad (\bmod\ 6)$

乗法について閉じている．

（ロ）　結合律が成り立つことは，整数の性質から明らか．

（ハ）　除法は，イの結果から

$\qquad 1\div1=1$, $5\div5=1$, $5\div1=5$, $1\div5=5$

除法についても閉じている．

したがって群をなす．

44.（1）　閉じている．演算の結果はすべて $\{a, b, c\}$

（2）　閉じていない．たとえば $\{a, b\}\cap\{a, c\}=\{a\}$

45.　点 A, B, C の座標を a, b, c とすると，A＋B の座標は $\dfrac{a+b}{2}$，A・B の座標は $\dfrac{2a+b}{3}$ となる．

（1）　○　B＋A の座標は $\dfrac{b+a}{2}$ で，A＋B の座標に等しいから，2 点 A＋B と B＋A は一致する．

（2）　×　B・A の座標 $\dfrac{2b+a}{3}$ は，$\dfrac{2a+b}{3}$ に等しいとは限らない．

（3）　×　A＋(B＋C) の座標 $=\dfrac{a+\dfrac{b+c}{2}}{2}=\dfrac{2a+b+c}{4}$

$\qquad$ (A＋B)＋C の座標 $=\dfrac{\dfrac{a+b}{2}+c}{2}=\dfrac{a+b+2c}{4}$

$\qquad$ (A＋B)＋C と A＋(B＋C) は，等しいとは限らない．

（4）　×　(A・B)・C の座標 $=\dfrac{2\left(\dfrac{2a+b}{3}\right)+c}{3}=\dfrac{4a+2b+3c}{9}$

$$A \cdot (B \cdot C) \text{ の座標} = \frac{2a + \frac{2b+c}{3}}{3} = \frac{6a+2b+c}{9}$$

よって $(A \cdot B) \cdot C$ と $A \cdot (B \cdot C)$ は等しいとは限らない.

(5) ○ $(A+B) \cdot C$ の座標 $= \dfrac{2\frac{a+b}{2}+c}{3} = \dfrac{a+b+c}{3}$

$A \cdot C + B \cdot C$ の座標 $= \dfrac{\frac{2a+c}{3}+\frac{2b+c}{3}}{2} = \dfrac{a+b+c}{3}$

(6) ○ $C \cdot (A+B)$ の座標 $= \dfrac{2c+\frac{a+b}{2}}{3} = \dfrac{4c+a+b}{6}$

$C \cdot A + C \cdot B$ の座標 $= \dfrac{\frac{2c+a}{3}+\frac{2c+b}{3}}{2} = \dfrac{4c+a+b}{6}$

46.(1) 属する. $|a|<1$, $|b|<1$ ならば $|a*b|<1$ を示せばよい.

$$1-\left(\frac{a+b}{1+ab}\right)^2 = \frac{1-a^2-b^2+a^2b^2}{(1+ab)^2} = \frac{(1-a^2)(1-b^2)}{(1+ab)^2} > 0$$

(2) 成り立つ.

$$(a*b)*c = \frac{a+b}{1+ab}*c = \frac{\frac{a+b}{1+ab}+c}{1+\frac{a+b}{1+ab}\cdot c} = \frac{a+b+c+abc}{1+bc+ca+ab}$$

次に * は交換律をみたすから, $a*(b*c)=(b*c)*a=(c*b)*a$ この式は上の式の a と c を入れかえたもので, 上の式に等しい.

47.(1) (a e) (b d c)　　(2) (a e c)(b d f)

(3) (a f)(b d)(c e)　　(4) (a e b d)

48.(1) (x p)(x q)　　(2) (x p)(x q)(x r)　　(3) (x p)(x q)(x r)(x s)

49.(1) (q r p)=(p q r)=(p q)(p r)

(2) (q p r)=(p r q)=(p r)(p q)

(3) (q r)=(p q)(p r)(p q) または (p r)(p q)(p r)

(4) (r q p)(q r)=(p r q)(q r)=(p r)(p q)・(p q)(p r)(p q)
　　　　　=(p r)(p r)(p q)=(p q)

50.　群をなす.

a×b の表

b\a	1	2	3	4
1	1	2	3	4
2	2	4	1	3
3	3	1	4	2
4	4	3	2	1

→

a÷b の表

b\a	1	2	3	4
1	1	2	3	4
2	3	1	4	2
3	2	4	1	3
4	4	3	2	1

51. 群をなさない.

$$2\times3\equiv0,\ 3\times4\equiv0\ \ (\mathrm{mod}\,6)$$

のように，乗法の結果が，集合に属さない場合がある.

a×b の表

b\a	1	2	3	4	5
1	1	2	3	4	5
2	2	4	0	2	4
3	3	0	3	0	3
4	4	2	0	4	2
5	5	4	3	2	1

52.(1) $b\in$A ならば，(i)によって

$-kb=(-k)b\in$A，一方 $a\in$A

だから(ii)によって

$$a+(-kb)\in\text{A}\quad \therefore\ a-kb\in\text{A}$$

(2) A の任意の数 a を m でわったときの商を k，余りを r とすると $a-km=r$，$a\in$A，$m\in$A だから (1) によって $a-km\in$A $\quad\therefore\ r\in$A しかし $0\leqq r<m$ であって，m は最小の正数だから $r=0$ よって $a=km$ となって，a は m でわりきれる.

(3) m の任意の倍数を km とすると $m\in$A と(i)から $km\in$A 逆に(2)によってAに属する数は m の倍数であったから，Aは m の倍数の集合と一致する.

(4) (ii)によって，Aは加法について閉じている. また $a,b\in$A のとき $a-b=a-1\cdot b\in$A だから減法についても閉じている. 加法が結合律をみたすことは明らかだから，Aは加法について群をなす.

53. α を 1 と異なる虚数の 5 乗根とすると，$\alpha,\ \alpha^2,\ \alpha^3,\ \alpha^4$ は 1 に等しくない. もし等しかったとすると矛盾する. たとえば $\alpha^3=1$ とすると $\alpha^6=1$，これと $\alpha^5=1$ とから $\alpha=1$ となる.

また $\alpha,\ \alpha^2,\ \alpha^3,\ \alpha^4$ はどの 2 つも異なり，しかも 5 乗すると 1 になるから $\{1,\ \alpha,\ \alpha^2,\ \alpha^3,\ \alpha^4\}$ は 5 乗根の集合である. 乗法表と除法表は各自作ってみよ.

54. (1)　群をなさない.

$$g(h(x)) = \frac{2\left(\dfrac{3x-1}{x+3}\right)+1}{\dfrac{3x-1}{x+3}-2} = \frac{7x+1}{x-7}\quad \text{Aに属さない.}$$

(2)　群をなす.　$g=f^2$, $h=f^3$, $f^4=e$ となるから, この集合は $\{e, f, f^2, f^3\}$ と表わされて位数4の巡回群である.

(3)　$f^2=g^2=h^2=e$　$fg=gf=h$ となるから, クライン群をなす.

55. (1)　$y=x+a$ とおいて, x に $y-a$ を代入する.

$$(y-a)^3-3(y-a)^2+9(y-a)-9=0 \qquad\qquad ①$$
$$y^3-3(a+1)y^2+\cdots=0$$

よって $a=-1$ とすればよい. これを①に代入して

$$y^3+6y-2=0$$

(2)　$-3ab=6$, $a^3+b^3=-2$　$\therefore a^3b^3=-8$

a^3, b^3 は2次方程式 $t^2+2t-8=0$ の2根である.

$t=2$, -4　$\therefore a^3=2$, $b^3=-4$　$\therefore a=\sqrt[3]{2}$, $b=-\sqrt[3]{4}$

(3)　$y=-\sqrt[3]{2}+\sqrt[3]{4}$, $-\sqrt[3]{2}\,\omega+\sqrt[3]{4}\,\omega^2$, $-\sqrt[3]{2}\,\omega^2+\sqrt[3]{4}\,\omega$

(4)　$x=y+1$

$$=1-\sqrt[3]{2}+\sqrt[3]{4},\quad 1-\sqrt[3]{2}\,\omega+\sqrt[3]{4}\,\omega,\quad -\sqrt[3]{2}\,\omega^2+\sqrt[3]{4}\,\omega$$

56.　R だけ.

57. (1)　S　　(2)　P, Q

58. (1)　右辺を $f(x)$ とおく.　$f(\alpha)=0$, $f\left(\dfrac{1}{\alpha}\right)=\dfrac{f(\alpha)}{\alpha^4}=0$

(2)　両辺を x^2 でわる.

$$a\left(x^2+\frac{1}{x^2}\right)+b\left(x+\frac{1}{x}\right)+c=0 \qquad a(y^2-2)+by+c=0$$

(3)　$x^5-1=(x-1)(x^4+x^3+x^2+x+1)=0$

$$\left(x^2+\frac{1}{x^2}\right)+\left(x+\frac{1}{x}\right)+1=0 \qquad y^2+y-1=0$$

$$y=\frac{-1\pm\sqrt{5}}{2} \qquad x+\frac{1}{x}=\frac{-1\pm\sqrt{5}}{2}$$

$$x=\frac{1}{4}(-1+\sqrt{5}\pm\sqrt{10+2\sqrt{5}}\,i),\quad \frac{1}{4}(-1-\sqrt{5}\pm\sqrt{10-2\sqrt{5}}\,i)$$

(4) $f(x)=ax^5+bx^4+cx^3+cx^2+bx+a$ $f(-1)=0$

(5) $x+1=0,\ x^4-5x^3+8x^2-5x+1=0$

x^2 で割って $x+\dfrac{1}{x}=y$ とおくと $y^2-5y+6=0,\ y=2,\ 3$

$x=1$ （重根）, $\dfrac{3\pm\sqrt{5}}{2}$

59. $y_1-y_3,\ y_1-y_4,\ \cdots$ を順に計算する.

$$y_1-y_3=\frac{ax_1+b}{cx_1+d}-\frac{ax_3+b}{cx_3+d}=\frac{(ad-bc)(x_1-x_3)}{(cx_1+d)(cx_3+d)}$$

3 を 4 で置きかえると y_1-y_4 の式が得られるから

$$\frac{y_1-y_3}{y_1-y_4}=\frac{(ad-bc)(x_1-x_3)}{(cx_1+d)(cx_3+d)}\times\frac{(cx_1+d)(cx_4+d)}{(ad-bc)(x_1-x_4)}$$

$$\therefore\ \frac{y_1-y_3}{y_1-y_4}=\frac{cx_4+d}{cx_3+d}\cdot\frac{x_1-x_3}{x_1-x_4}\qquad\text{①}$$

1 を 2 で置きかえて

$$\frac{y_2-y_3}{y_2-y_4}=\frac{cx_4+d}{cx_3+d}\cdot\frac{x_2-x_3}{x_2-x_4}\qquad\text{②}$$

①と②の比を求める.

60. (1) $x=0$ とおくと $y=\dfrac{b}{d}=0$ $\therefore\ b=0,\ d\neq0$

$x=\infty$ とおくと $y=\dfrac{a+b/\infty}{c+d/\infty}=\dfrac{a}{c}=1$ $\therefore\ a=c$

$x=1$ とおくと $y=\dfrac{a+b}{c+d}=\infty$ $\therefore\ a+b\neq0,\ c+d=0$

よって $b=0,\ c=a,\ d=-a,\ a\neq0$

$$\therefore\ y=\frac{ax+b}{cx+d}=\frac{ax+0}{ax-a}=\frac{x}{x-1}$$

以下同様にして求める.

(2) $y=1-x$ (3) $y=\dfrac{1}{x}$ (4) $y=\dfrac{x-1}{x}$ (5) $y=\dfrac{1}{1-x}$

61. (1) $x=0$ のとき $y=\dfrac{b}{d}=1$ $\therefore\ b=d$

$x=\infty$ のとき $y=\dfrac{a}{c}=2$ $\therefore\ a=2c$

$x=1$ のとき $y=\dfrac{a+b}{c+d}=4$ $a+b=4c+4d$

$\therefore\ a=2c,\ b=d=-\dfrac{2c}{3}$ $y=\dfrac{6x-2}{3x-2}$

（別解） 非調和比 $[x,\ 0,\ \infty,\ 1]$ と $[y,\ 1,\ 2,\ 4]$ は等しいことを用いる.

$$\dfrac{x-\infty}{x-1}:\dfrac{0-\infty}{0-1}=\dfrac{y-2}{y-4}:\dfrac{1-2}{1-4}$$

$$\dfrac{x-\infty}{0-\infty}\cdot\dfrac{0-1}{x-1}=\dfrac{y-2}{y-4}\cdot\dfrac{-3}{-1}$$

ところが $\dfrac{x-\infty}{0-\infty}=\dfrac{x/\infty-1}{0/\infty-1}=1$ であるから

$$\dfrac{-1}{x-1}=\dfrac{3y-6}{y-4}$$ y について解いて $y=\dfrac{6x-2}{3x-2}$

(2) (1)の別解にならう.

$$\dfrac{x-\infty}{x-1}:\dfrac{0-\infty}{0-1}=\dfrac{y-b}{y-c}:\dfrac{a-b}{a-c}$$

簡単にして

$$y=\dfrac{b(a-c)(x-1)+c(a-b)}{(a-c)(x-1)+(a-b)}$$

62.(1) -1

(2) $[x_1,\ x_2,\ x_3,\ x_4]=-1$ ならば $[y_1,\ y_2,\ y_3,\ y_4]=-1$

63. $f(b)=a,\ f(a)=c,\ f(c)=b$

$$\therefore\ a=f(b)=f(f(c))=f^2(c)=f^2(f(a))=f^3(a)$$

さて $f(a)=k-\dfrac{1}{a}=\dfrac{ka-1}{a}$ $f^2(a)=k-\dfrac{a}{ka-1}=\dfrac{(k^2-1)a-k}{ka-1}$

$f^3(a)=k-\dfrac{ka-1}{(k^2-1)a-k}=a$

a について整理すると $(k^2-1)a^2-k(k^2-1)a+(k^2-1)=0$

$\therefore\ k^2=1$ または $a^2-ka+1=0$

第2式のときは $k=a+\dfrac{1}{a}$ $\therefore\ f(a)=k-\dfrac{1}{a}=c$ に代入すると

$a=c$ となって, $a\neq c$ に矛盾   答 $k=\pm1$

64. メネラウスの定理を用いてみる.

$\triangle$SAB を直線 FA′B′ が切るから

$$\dfrac{AF}{FB}\cdot\dfrac{BB'}{B'S}\cdot\dfrac{SA'}{A'A}=-1$$ ①

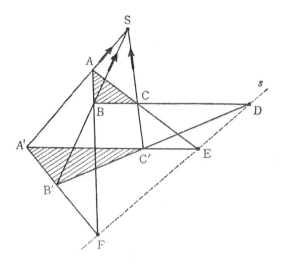

△SBC を直線 DB′C′ が切るから

$$\frac{BD}{DC} \cdot \frac{CC'}{C'S} \cdot \frac{SB'}{B'B} = -1 \qquad ②$$

△SCA を直線 EC′A′ が切るから

$$\frac{CE}{EA} \cdot \frac{AA'}{A'S} \cdot \frac{SC'}{C'C} = -1 \qquad ③$$

以上の3つの等式の両辺をそれぞれかけると

$$\frac{AF}{FB} \cdot \frac{BD}{DC} \cdot \frac{CE}{EA} = -1 \qquad ④$$

△ABC にメネラウスの定理の逆を用いることによって, 3点 D, E, F は1
直線上にある.

65. 図の見方をかえて, デザルグの定理を用いる. 証明することは, 3点 S, A,
A′ が1直線上にあること.

　　△FBB′ と △ECC′ に目をつけてみよ.

　　頂点を通る直線 FE, BC, B′C′ は1点Dで交わるから, デザルグの定理に
よって,

　　　　BB′ と CC′ の交点S,
　　　　B′F と EC′ の交点A′,

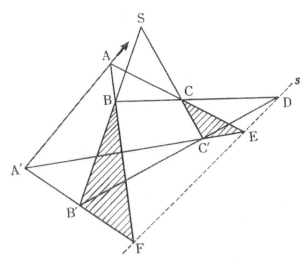

　　　FB と EC の交点A
　は1直線上にある.

66. 　3点 A, B, C を通る平面 α と, 3点 A′, B′, C′ を通る平面 α' とを考えよ.
　　3点 D, E, F は α と α' の交線 s 上にある. 空間図形だから, 比例線を用い
　　ずに, 点, 直線, 平面の位置関係（結合関係ともいう）を用いるだけで証明さ
　　れる.

67. 　線分 AA′, BB′, CC′ の長さをそれぞれ a, b, c とおいてみる.

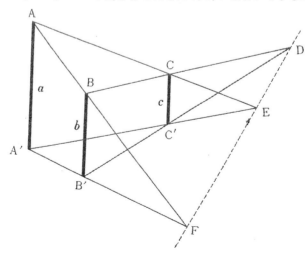

△ABC について，Menelaos の定理の逆を用いることを考える．

AA′∥BB′∥CC′ であるから

$$\triangle DBB' \ \text{より} \quad \frac{BD}{DC}=-\frac{b}{c}$$

$$\triangle ECC' \ \text{より} \quad \frac{CE}{EA}=-\frac{c}{a}$$

$$\triangle FAA' \ \text{より} \quad \frac{AF}{FB}=-\frac{a}{b}$$

以上の3つの式の両辺をかけると，右辺は-1になる．

68. 結合関係のみで証明される．

　　Pはb上にあるから，Pはγ上にある．

　　Pはc上にあるから，Pはβ上にある．

　したがって，Pはβとγ上にあるから，Pはa上にある．

69. △ABC，△A′B′C′ の定める平面π，π'をとして，D, E, F はπとπ'の交線s上にあることを示せばよい．

　　BB′ と CC′ はSで交わるから，1つの平面α上にあり，したがって，BC と B′C′ もα上にある．αとsとの交点がDである．同様にして，CC′, AA′ の定める平面をβとすると，βとsの交点が E, AA′ と BB′ の定める平面をγとすれば，γとsとの交点がFである．

70. $\prod\limits_{i=1}^{n}a_i=\left(\prod\limits_{i=1}^{r}a_i\right)\left(\prod\limits_{i=r+1}^{n}a_i\right)$

71. 答 c. $aa^2=ab=b$, $a^2a=ba=a$ ∴ $aa^2\neq a^2a$; $bb^2=bc=a$, $b^2b=cb=c$

∴ $bb^2\neq b^2b$; $cc^2=ca=b$, $c^2c=ac=b$ ∴ $cc^2=c^2c$

72. aとcだけ．

73. $n=1$ のとき $(a^m)^1=a^m=a^{m\cdot 1}$ 成立．n のとき成り立つとすると $(a^m)^{n+1}=(a^m)^n(a^m)^1=a^{mn}a^m=a^{mn+m}=a^{m(n+1)}$ となって$n+1$のときも成り立つ．

74. 結合的,交換的である．

$$(a^l a^m)a^n=a^{l+m}a^n=a^{(l+m)+n}$$

$$a^l(a^m a^n)=a^l a^{m+n}=a^{l+(m+n)}$$

　右辺は等しい． $a^m a^n=a^{m+n}=a^{n+m}=a^n a^m$

75. kについて帰納法を試みる．$k=1$のときは明白．kのとき成り立つとすると

$$(a_1 a_2\cdots a_k a_{k+1})^n=((a_1 a_2\cdots a_k)a_{k+1})^n$$

$$=(a_1 a_2\cdots a_k)^n a_{k+1}{}^n=(a_1{}^n a_2{}^n\cdots a_k{}^n)a_{k+1}{}^n$$

$$=a_1{}^n a_2{}^n\cdots a_k{}^n a_{k+1}{}^n$$

となって $k+1$ のときも成り立つ．

76. $b_1=f(a_1)$, $b_2=f(a_2)$, $\cdots$, $b_n=f(a_n)$ となる f があるから

$$\prod_{i=1}^{n} a_i = \prod_{i=1}^{n} f(a_i)$$

77. 結合的でも，交換的でもない．

$$(a \circ b) \circ c = a^b \circ c = (a^b)^c = a^{bc} \quad a \circ (b \circ c) = a \circ b^c = a^{b^c}$$

$bc \neq b^c$ だから，上の2式は一般には等しくない．

また $a \circ b = a^b$, $b \circ a = b^a$, この2式も一般には等しくない．

78. (1) 成立. $A - A \cap B = A \cap (A \cap B)^c = A \cap (A^c \cup B^c) = (A \cap A^c) \cup (A \cap B^c)$
$= \phi \cup (A \cap B^c) = A \cap B^c = A - B$

　　(2) 不成立. $A - (B - C) = A - B \cap C^c = A \cap (B \cap C^c)^c = A \cap (B^c \cup C)$
$A - B - C = (A - B) \cap C^c = (A \cap B^c) \cap C^c = A \cap B^c \cap C^c = A \cap (B \cup C)^c$, $B^c \cup C$
$\neq (B \cup C)^c$

　　(3) 成立. $A - (A - B) = A - A \cap B^c = A \cap (A \cap B^c)^c = A \cap (A^c \cup B) = (A \cap A^c) \cup (A \cap B) = \phi \cup (A \cap B) = A \cap B$

79. (1) 不成立. $f(f(A)) = f(M - A) = M - (M - A)$ これは前問の (3) によって $M \cap A$ に等しいから，一般には A に等しくない．

　　(2) 成立. $f(A \cap B) = M - (A \cap B) = M \cap (A \cap B)^c = M \cap (A^c \cup B^c) = (M \cap A^c) \cup (M \cap B^c) = (M - A) \cup (M - B) = f(A) \cup f(B)$

　　(3) 成立. (2) の証明で $\cap$ を $\cup$ に，$\cup$ を $\cap$ に書き換えればよい．

80. (1) 結合的. $(x \circ y) \circ z = x \circ (y \circ z)$ を示せばよい. $x = a$ のときは，両辺がともに $y \circ z$ になって成立. よって $x = b$ のときだけ表を作ってみよ.

　　(2) 結合的. $(x \triangle y) \triangle z = x \triangle (y \triangle z)$ を検討する. $x = a$ のとき，任意の t に対して $a \triangle t = a$ であるから，両辺がともに a に等しから成り立つ. $x = b$ のとき任意の t に対し $bt = t$, 両辺が $y \triangle z$ になって成り立つ.

　　(3) 不成立. すべての場合を表に作って確めよ.

x	y	z	$x \circ (y \triangle z)$	$(x \circ y) \triangle (x \circ z)$
a	a	a	a	a
a	a	b	a	a
a	b	a	a	a
a	b	b	b	b
b	a	a	b	b
b	a	b	b	a
b	b	a	b	a
b	b	b	a	a

表から　$b \circ (a \triangle b) \neq (b \circ a) \triangle (b \circ b)$　$b \circ (b \triangle a) \neq (b \circ b) \triangle (b \circ a)$

　　(4) 成立. $x \triangle (y \circ z) = (x \triangle y) \circ (x \triangle z)$ を検討する. $x = a$ のときは，両辺が a になって成り立つ. $x = b$ のときは両辺が $y \circ z$ になって成り立つ.

81. (1) $(2+\sqrt{3})^n=a_n+b_n\sqrt{3}$ $(a_n, b_n$ は整数) とおいて, 数学的帰納法を用いる.

$(2+\sqrt{3})^{n+1}$ を $(a_n+b_n\sqrt{3})(2+\sqrt{3})$ とかきかえてみよ.

(2) (1) の証明の途中から $a_{n+1}=2a_n+3b_n$, $b_{n+1}=a_n+2b_n$ これを用いて数学的帰納法を試みる.

82. $n=k$ のとき $a_{4k}=3m$ $(m\in N)$ とすると $n=k+1$ のとき a_{4k+4} に仮定の漸化式を 2 回用いて $3a_{4k+1}+2a_{4k}$ とかきかえると $3(a_{4k+1}+2m)$ となる.

83. $|\sin k\theta|\leqq k\sin\theta$ が成り立つとして $|\sin(k+1)\theta|$ に加法定理を使う.

$$|\sin(k+1)\theta|=|\sin k\theta\cos\theta+\cos k\theta\sin\theta|$$
$$\leqq|\sin k\theta||\cos\theta|+|\cos k\theta|\sin\theta$$

ここで仮定のほかに $|\cos\theta|\leqq 1$, $|\cos k\theta|\leqq 1$ を使って, $(k+1)\sin\theta$ を越さないことを示す.

84. $n=k$ のとき成り立つとする. 与えられた等式から

$$\frac{f((k+1)x)+f(0)}{2}=f\left(\frac{(k+1)x}{2}\right)$$

$$\therefore\ f((k+1)x)=2f\left(\frac{(k+1)x}{2}\right)-f(0)=2\cdot\frac{f(kx)+f(x)}{2}-f(0)$$

これに仮定の式を代入して変形し $(k+1)f(x)-kf(0)$ に等しくなることを示す.

85. $a_1, a_2, a_3, \cdots$ を実際に求めてみて推定せよ. $1, 2, 0, 1, 2, 0, \cdots$ と周期的に変化するから, はじめに $a_{3k+1}=1$ を数学的帰納法によって証明する. $a_{3k+1}=1$ を仮定すると

$$a_{3k+2}=(1+1)g(2-1)=2$$

$$a_{3k+3}=(2+1)g(2-2)=0$$

$$a_{3k+4}=(0+1)g(2-0)=1$$

帰納法のシェーマをかいて, 証明が完全かどうか吟味せよ.

86. 2 変数の数学的帰納法による.

(i) $f(n, 1)=n$ は 1! で割り切れる.

(ii) $f(1, r)=r!$ は $r!$ で割り切れる.

(iii) $f(n+1, r)$, $f(n, r+1)$ はそれぞれ $r!$, $(r+1)!$ で割り切れることを仮定して $f(n+1, r+1)$ は $(r+1)!$ で割り切れることを示せ. 恒等式

$$f(n+1, r+1)=f(n, r+1)+f(n+1, r)(r+1)$$

を利用すればよい.

87. $a_1=1$, $a_2=-2$, $a_3=3$, $a_4=-4$ から $a_n=(-1)^{n-1}n$ を推定する. $n=k$ のとき成り立つと仮定すると

$$a_{k+1}=(-1)^k-a_k=(-1)^k-(-1)^{k-1}k$$

これはかきかえると $(-1)^k(k+1)$ となる.

88. $n=k$ のとき成り立つとする.

$$\left(\frac{k+2}{2}\right)^{k+1}=\left(\frac{k+1}{2}+\frac{1}{2}\right)^{k+1}$$

ここで二項定理を用いて展開し，第2項までとれ．

$$\left(\frac{k+2}{2}\right)^{k+1} \geqq \left(\frac{k+1}{2}\right)^k (k+1) > k!(k+1)$$
$$= (k+1)!$$

89. (1)　(c) において $x=y=1$ とおく．

(2)　(c) において $x=y=-1$ とおく．

(3)　$f\left(\dfrac{1}{x}\right)f(x)=f\left(\dfrac{1}{x}\cdot x\right)=f(1)$

(4)　$f\left(\dfrac{y}{x}\right)f(x)=f\left(\dfrac{y}{x}\cdot x\right)=f(y)$

(5)　(b) から　$f(2)=f(1+1)\leqq f(1)+f(1)=2$

$$f(3)=f(2+1)\leqq f(2)+f(1)\leqq 2+1=3$$

一般に成り立つことの証明は，数学的帰納法によればよい．

90. (1)　成り立つ．a, b が正のとき

$\max\{a, b\}\leqq a+b$ となることを用いる．

(2)　成り立たない．反例

$$v(i, j)=\max\{i, j\}$$

とすると　$v(1, 2)=2,\; v(1, 3)+v(3, 2)=6$

(3)　すべて異なるとすると矛盾することを示せ．

$v(i, j)=a,\; v(i, k)=b,\; v(k, j)=c$ とおく．たとえば $a<b<c$ であったとすると

$$c\leqq \max\{a, b\}$$

は成り立たないから，性質1に反する．

91. $\mathrm{A_2}$　$f(xy)=\sqrt{xy\,\overline{xy}}=\sqrt{x\bar{x}\,y\bar{y}}=\sqrt{x\bar{x}}\,\sqrt{y\bar{y}}=f(x)f(y)$

$\mathrm{A_3}$　$\sqrt{(x+y)(\bar{x}+\bar{y})}\leqq\sqrt{x\bar{x}}+\sqrt{y\bar{y}}$ を証明すればよい．両辺を平方して

$$x\bar{y}+\bar{x}y\leqq 2\sqrt{xy\,\bar{x}\bar{y}}$$

よって　　　　$|x\bar{y}+\bar{x}y|\leqq 2\sqrt{xy\,\bar{x}\bar{y}}$

が証明できればよい．｜　｜の中は実数だから，両辺を平方し，変形すると

$(x\bar{y}-\bar{x}y)^2\leqq 0$　（　）の中は0か純虚数だから，この不等式は正しい．

92. $P\geqq Q$ である．

$$P=|ac|+|bd|+|ad|+|bc|\geqq|ac-bd|+|ad+bc|=Q$$

93. $\mathrm{A_0}, \mathrm{A_1}$ をみたすことは自明に近い．

$\mathrm{A_2}$ はみたさない．たとえば $x=\dfrac{1}{\sqrt{2}}+\dfrac{1}{\sqrt{2}}i$,

$y=-\dfrac{1}{\sqrt{2}}+\dfrac{1}{\sqrt{2}}i$ とすると　$xy=-1$

$$\therefore\; f(xy)=1,\quad f(x)f(y)=\dfrac{1}{\sqrt{2}}\cdot\dfrac{1}{\sqrt{2}}=\dfrac{1}{2}$$

$\mathrm{A_3}$ をみたす．$x=a+bi,\; y=c+di$ とおくと，

$$\max\{|a+c|,\; |b+d|\}\leqq f(x)+f(y)$$

①

を証明すればよい.

$$|a+c| \leqq |a|+|c| \leqq f(x)+f(y)$$
$$|b+d| \leqq |b|+|d| \leqq f(x)+f(y)$$

この2式から ① が導かれる.

94.

x	0	1	2	3	4	5	6	7	8	9
$f(x)$	0	1	1	$\frac{1}{3}$	1	1	$\frac{1}{3}$	1	1	$\frac{1}{9}$

95. D_0, D_1, D_2 はあきらかに成り立つ.

$D_3{}'$　場合を分けて考えよ.

$x=z$ のとき　$d(x, z)=0 \leqq \max\{d(x, y), d(y, z)\}$

$x \neq z$ のとき $x \neq y$ または $y \neq z$

　　　$\therefore$　$d(x, z)=1 \leqq \max\{d(x, y), d(y, z)\}$

著者紹介：

石谷　茂 (いしたに・しげる)

大阪大学理学部数学科卒

主　書　初めて学ぶトポロジー
　　　　大学入試　新作数学問題 100 選
　　　　∀と∃に泣く
　　　　$\varepsilon - \delta$ に泣く
　　　　Max と Min に泣く
　　　　Dim と Rank に泣く
　　　　2 次行列のすべて
　　　　入門入門群論
　　　　エレガントな入試問題解法集　上・下
　　　　数学の本質をさぐる 1　集合・関係・写像・代数系演算・位相・測度
　　　　数学の本質をさぐる 2　新しい解析幾何・複素数とガウス平面
　　　　数学の本質をさぐる 3　関数の代数的処理・古典整数論
　　　　初学者へのひらめき実例数学

（以上 現代数学社）

高みからのぞく大学入試数学　上巻　現代数学の序開

2023 年 11 月 21 日　　初版第 1 刷発行

著　者　　石谷　茂
発行者　　富田　淳
発行所　　株式会社　現代数学社
　　　　　〒 606-8425 京都市左京区鹿ヶ谷西寺ノ前町 1
　　　　　TEL 075 (751) 0727　FAX 075 (744) 0906
　　　　　https://www.gensu.co.jp/
装　幀　　中西真一（株式会社 CANVAS）
印刷・製本　　有限会社 ニシダ印刷製本

ISBN 978-4-7687-0622-0
2023 Printed in Japan